ヤバい"食"潰される"農"

日本人の心と体を毒す犯人の正体

堤 未果
Mika Tsutsumi
×
藤井 聡
Satoshi Fujii

ビジネス社

はじめに

今、日本ではおおよそどこに行っても、おカネさえあれば好きな食品を容易く手に入れることができます。そしてそんな食品によって、私たちの健康が激しく害されたという報道も目にすることも、ほとんどありません。つまり今の日本人は、（おカネの問題さえ別にすれば）日々の〝食〟について、ほとんど何も心配せずに、日々の日常を過ごしているわけです。

しかし、この日本人の〝食〟に対する態度は、ナイーブに過ぎるものです。なぜなら日本の〝食〟は今、実に「深刻な危機」にさらされているのが実態だからです。

今、日本人が、〝食〟に対して無頓着な態度をとり続けているのをいいことに、グローバルメジャー、世界的な巨大資本家たちが、我々日本人の健康リスクを度外視した「濡れ手で粟」のビッグビジネスを大きく展開しつつあるのです。しかも恐るべきことに、我が国政府がそうしたグローバルメジャーに対抗するどころか、むしろ「加担」するかのように振る舞い、彼らの日本における破壊的なビジネス展開を「加速・促進」しているのが実態です。

健康被害の恐れがあり、欧米では各国政府によって発売が禁止となった大変に〝ヤバい〟遺伝子組み換え食品や農薬等が、日本でだけ政府がわざわざ法的規制を緩和してまで大量輸入している、という異様な事態が生じています。しかも、自由貿易や消費者利益といった美辞麗句の下、そうした農産品の関税が引き下げられ、国内で大量に売りさばかれるに至っています。

それはさながら先進諸国で禁止される程に危険なコロナワクチンが、日本でだけ政府の後押しで大量に摂取され続けた姿とまったく同じ光景です。

こうした日本政府の方針は偏に、アメリカを中心とした外国勢力、ひいては彼らが主張するグローバリズムという空理空論にひれ伏していることの帰結です。安全保障を自ら実現する気概を持たない我が国政府は、力のある外国勢力や彼らが振りかざす空理空論にひれ伏すこと、それ自体が「国益」だと考えているのです。

しかしそんな政府の認識は無論、単なる「勘違い」に過ぎません。媚態を基軸とした外交は、国民に不幸をしかもたらさないからです。

まず何よりそんな〝ヤバい〟食品の大量摂取によって、日本人の健康が中長期的に激しく損なわれつつあります。

しかも、食品輸入の拡大は、日本の食料供給能力の低下を必然的にもたらします。すなわち、今日の政府方針は、日本の〝農〟を根底から破壊しつくすものでもあります。

かつて我が国の食料自給率は今よりもずっと高い水準でした。約半世紀前、カロリーベースの自給率は7割、8割という水準でしたが今は37%へと半減しています。そして今、政府の農業保護についての無為無策と、外国農産品の輸入促進によって、農家はますます苦しい立場に追い込まれ、所得が低迷し、農業の担い手不足が深刻化し、それを通して自給率がさらに低迷していく状況にあります。

つまり、今、日本の政府は、海外の政府やグローバルメジャーたちと結託して海外の〝ヤバい食〟を大量に輸入し、それによってまさに今、国内の〝農〟を潰さんとしているわけです。誠に残念ではありますが、この現下の政府の振る舞いは、もはや「売国」の域に達していると言って差し支えないでしょう。

日本の農が壊滅すれば、我々は普段から農産品を輸入し続けなければならなくなり、兆円、20兆円規模で我々の所得が毎年海外に流出し続け、それが我が国の貧困化に拍車をかけ続けます。

戦争や極端な気候変動によって世界的に食料供給力が低迷すれば、日本人はいくらおカネを積んでも食料を調達できなくなり、餓死する国民が発生する事態となります。仮にそんな戦争や気候変動がなくとも、現下の日本の貧困化がさらに進めば、その貧困化のせいで海外の農産品を十分購入することができなくなってしまいます。

つまり我が国日本政府は今、食と農を蔑ろにすることを通して、国民の健康と安寧と繁栄、挙げ句の果てに生命をすら危機に陥れているわけです。

こうした危機的状況に警鐘を鳴らしたい——これこそが筆者の思いでした。

そんな中で、海外の情報を含む膨大な情報を日々収拾し、的確な分析力でその情報を読み解き、私たち国民にわかりやすく伝えて下さっている国際ジャーナリストの堤未果さんほど、この問題を語りあうのに相応しい方はおられませんでした。ついては当方の雑誌やTV番組に重ねてゲスト出演いただくなどを通して、日本の食と農について実に様々に語りあって参りました。

はじめに

この堤さんとの対話を通して筆者は、農の国家的社会的重要性に加えて、日本の文化風俗、そして一人一人の日本人のあるべき〝こころのあり方〟を考える上でも、農はこの上なく大切な存在であることを、改めて深く認識するに至りました。

読者の皆さんも、最後まで本書をお読みいただければ、堤さんの素晴らしい言葉の数々を通して、筆者とそうした認識を共有いただけるのではないかと思います。

いずれにせよ筆者は、本書を一人でも多くの国民の皆さんにお読みいただくことが、私たちの食を守り、農を再生することに確実に繋がるものと考えています。ついては是非ともたくさんの方々にお目通しいただきたいと祈念しています。

どうぞ、私たちの国日本のために、そして私たち一人一人の豊かで安寧ある暮らしのために、まずは本書を通して、本来あるべき私たちの食と農のあり方について、じっくりとお考えになってみて下さい。

２０２４年５月

藤井　聡

ヤバイ〝食〟潰される〝農〟

目次

第2章

「西洋化」「効率化」が食を壊す

第3章 農業は日本の精神である

第4章 食料「自決権」のヒントは地方にあり

第5章 「最適化」に抗うために

第1章

際限なくマーケット化する食と農

保守派が率先して農を「破壊」してきた

藤井　農業は国家の根幹中の根幹です。とりわけ「瑞穂の国」である日本はその国家の成り立ちそのものと、農が深く関係しています。にもかかわらず、これまで保守論壇の中では、「国土」の問題と並んでこの「農」は必ずしも重視されてきませんでした。

堤　日本にとって、農業は国体にも等しい。真の保守なら、何よりもこの国の農業を守ることの意味を理解しているはずですよね。

藤井　そうです。「保守」という時に、一体何を保守したいのか。国だろう、ならばその基礎になっているのは何か。国土と農ですよ。そもそも国土と農がなければ皇室もないのですから、日本にとって最も大事な、根幹となるのが国土と農です。

しかし、先程申し上げたように保守の議論で農はほとんど顧みられなかったわけですが、それどころかむしろ、保守派が率先して農を「破壊」してきたと言ってもいいくらいです。与党政治家やそれを支持する保守論壇の人々は、経済成長のためには農業よりも自動車をはじめとした工業を大切にすることが必要だ、だから、農業を保護する関税や補助金などはやめちまえ、と声高に主張することがしばしばある。

堤　そうですね。かつては農村票に支えられた保守の自民党が、地方の農業を守っていた時代もあったのに。

自動車産業保護と引き換えに農業を犠牲にするＴＰＰ交渉も、「ウソつかない。ＴＰＰ断固反対。ブレない」のポスターを、選挙前には農村部に大量に貼ったのに、選挙後には手の平を返して推進したでしょう？

ああ、日本にいたはずの真の保守達は、一体どこに行ったんだろう……と感じたのを、よく覚えています。

藤井　保守とはそもそも「守るべきものを守る」態度であって、日本の歴史や伝統程に保守が守らねばならないものはないのであって、そして、日本の歴史や伝統の根幹にあるのが日本の農なわけですから、今の保守は全くもって本末転倒、正気の沙汰とは思えない、という風に僕はずっと思ってきました。

だから当方が、保守の思想誌として、先代の西部邁氏が立ち上げた『表現者クライテリオン』（啓文社）を、編集長として引き継ぐことになった折りに、徹底的に農を取り上げていこう、と考えました。そんな背景の下、〈農は国の本なり〉という連載をリレー形式で掲載したり、〈「農」を語る〉という対談シリーズを掲載したりすることを通して、保守という視点から農について語り続けることとしたわけです。

そしてそんな中で、堤さんにも、様々な形で表現者クライテリオンの農を語る語り部のお一人としてご登場いただいて参ったわけです。

いずれにしても当方は、保守についての思想誌を編纂するにあたっては、どうしても「農」の議論が必要になると考えたのです。ちなみに、同じような事を「国土」についても思っていました。つまり、これまでの保守と呼ばれる人々は、農のみならず「国土」についても語ることを忌避し続けてきた。ところが、「保守すべきものを保守」するためには、農について、そしてそれと同じく「国土」についても様々な取り組みを展開しなければならないはず。だからこの二つを抜いて保守思想を語っても、それは味噌汁に出汁を入れ忘れたような味気無さがあるに違いない、と考えたわけです。

堤　おっしゃる通りです。農と国土は絶対に切り離せません。

陸続きのヨーロッパでは国境に近い農地は〈安全保障〉の対象だし、イラク戦争で奪い合いになった一つは水源としての国土でした。島国の日本ではその感覚が薄いのか、昨今国を挙げて外国人が購入するハードルを下げたり農地の目的外利用を許したりと、真逆の方向に進んでいますよね。日本は国柄も、国体も、農業と切っても切れない関係にあるはずなのに、今は惨憺たる状況。グローバル化だ、マーケット化だ、効率化だ、大規模化だと言って画一化して、一握りの人が農を動かしていく方向に進んでいます。

藤井　考えてみればおかしな話で、一方では「飽食の時代」と言われ、大量生産、大量廃棄が問題になっているにもかかわらず、一方では「原料高騰」「食料危機」と言われてもいる。日本は「食料を無駄にしている」と言われ、その一方で食料安全保障が手薄だとも指摘される。なぜ、こういう状況になるのかも含めて、考えなければならないと思います。

急に再浮上して注目された二つの世界的事件

堤　今藤井さんがおっしゃったその〈ジレンマ〉は非常に重要で、長い間各国の識者の間でも指摘されてきました。飽食も食料危機もその責任は自然発生でなく私たち人間のエゴや欲から発生して、矛盾を起こしているからです。

このジレンマが、最近再浮上して注目された、二つの世界的事件がありましたよね。

一つは新型コロナのパンデミック問題。ロックダウンなどで国際的な物流機能が止まり、輸送費の高騰が原材料価格を押しあげて、輸入食料品の値段が跳ね上がりました。もう一つは、ロシアによる侵攻をきっかけにウクライナで始まった紛争です。世界の小麦の4分の1、大麦とトウモロコシの5分の1、ひまわり油の半分以上がこの2カ国から輸出されている。カロリーにすると、世界中で取り引きされる食物の8分の1を占める取引がロシアの侵攻によって混乱し、価格が史上最高値になりました。特に小麦の値上がりが酷かった。

この2カ国は肥料生産大国でもありましたから、天然ガスの価格急騰で肥料価格が急上昇し、世界の食料生産を減少させた。あの時一番打撃を受けた国の一つが、ここ日本でしたね。

今、藤井先生がおっしゃった、「原料高騰」「食料危機」という言葉がニュースのヘッドラインに登場した時は、日本人の多くがハッとした瞬間でもありました。

グローバル時代に、食べ物も肥料も輸入頼みにしていることのリスク。平時には安く輸入できて便利だけれど、有事になったらあっという間に危機に陥ってしまう。

こういうリスク管理は、今まで「食料安全保障」という耳触りの良いフレーズで、何となく対策されてきたイメージがあったのかもしれません。

でもこれまでの政府の方針は、ずっととにかく安くたくさん輸入する、あるいは国内農家を大規模化、法人化して合理化してゆけばうまくいくんだ、という発想だったのです。

実は、私が２０２２年１２月に『ルポ 食が壊れる――私たちは何を食べさせられるのか？』（文春新書）を書いたのは、こうした食と農をめぐる世界のパワーバランスが、デジタル化に後押しされてさらに高速に変化してゆくことに、日本人として大きな危機感を感じたからです。この取材の過程で、日本が直面する問題の歴史的背景と同時に、我が国が持つ巨大な可能性にも気づかされました。

これまでの発想を踏襲し続ければ、多くの悲観論者が予言するように、日本は自滅の道をたどるでしょう。けれどもしここで覚醒しギアチェンジを図れば、食料危機で潰れるどころか、食と農を通して迷走する世界に、本来人間にとって農とは何か、という問いをなげ、そのヒントを示す存在になりうると確信を持ったのです。

「マーケット化」する食料や農産品の大問題

藤井　そのあたりをぜひ、本書を通じて論じていきたいのですが、現在の「食」や「農」を考えるために重要な観点が、食料や農産品の「マーケット化」です。

僕らが生きていくために最も重要な食や、それを支える農業が危機に瀕している。その大きな原因が、僕らもこれまでずっと批判し続けてきた市場原理主義的な価値観にあることは間違いありません。堤さんのご著書を拝読すると、背筋が寒くなるような事例ばかりです。

具体的な事例は本書を通じて取り上げていきますが、例えば遺伝子組み換えの種子や作物は、各国で使用に規制がかかり始めており、抵抗感の薄い日本は遺伝子組み換え種子を扱う企業にとって、商売のしやすい市場、つまりカモにされている状況にあります。

また、種と一緒に売られる農薬に一度頼ってしまうと、自家採種の種などは使えなくなり、土地もどんどんとやせ細ってしまいます。農薬に負けない性質を持った雑草が現れれば、さらに強い農薬を買わなければならない。

堤　その通りです。抜いても抜いても生えてくる雑草に悩まされているのは農家だけではありません。「まるで魔法のように雑草が枯れます！」というあの広告キャンペーンは、一般家庭にも大ウケして、世界中で巨万の富を叩き出しましたよ。

藤井　「雑草」っていうのは本来であれば自然のレジリエンスを示す象徴的な存在ともいえますが、資本主義の中で効率性を過剰に追い求め続ける近代的な農業にとってみれば単なる邪魔もの。モンサントのような農業メジャーはそういう構図をわざわざ作りだし、「我が社の製品を雑草の駆除にどうぞ」といってその構図の中でさらにビジネスを拡大しようとする。その結果、世界中の農家は農業メジャーが延々と得をし続けるサイクルにからめとられることになる。

こうした問題に気がついた国々では、政府がそういう農業・食品メジャーの阿漕な農業ビジネスに規制をかけ始めるわけですが、そうなればなるほど、何でもアメリカの言いなりになる日本が、ターゲットにされていくことになる。その結果、日本の規制は強化されるどころか、どんどん緩められていって、日本人はリスクのある食品を食べさせられると同時に、日本の農家は農業メジャーと距離を置いた農業ができない状況に陥っていくことになるわけです。そもそも、食にかかわる需要は、人間がいる限り絶対になくなりはしない。いわば、サステナブル（持続可能）な需要が必ず存在するのです。だから、食産業も絶対になくなることはない。

堤　ですね。絶対になくならないし、常にメディアにとっての巨大スポンサーでもある。

藤井　しかも農業はどんな国でも一定程度、政治とも密接につながる。だから、ある種のレントシーキングも起こりやすい。レントシーキングとは、民間企業などが政府や官僚組織へ働きかけを行い、法制度や政治政策の変更を行うことで、自らに都合よく規制を設定したり、緩和をさせることによって、超過利潤（レント）を得ることができることを指します。

つまり、日本政府はアメリカ政府にとってみれば何でも従順に言うことを聞くカモそのもの。そういう構図を見て取ったアメリカの食品メジャーが巨大な政治献金をつかいながらアメリカ政府に、日本のマーケットにフリーにアクセスできるようにしてくれと働きかける。そんな巨大献金なり何なりを欲しがるアメリカ政府は、食品メジャーの言いなりになって日本政府にああだこうだと指図して、いろんな規制を撤廃させていく。その結果、アメリカの食品メジャーが、日本の食品マーケットでボロ儲けできるようになっていく、というわけです。これはつまり、私たちの日本人全員の体躯そのものをターゲットにして、アメリカの食品メジャーが営利を得続けるという意味でのレントシーキングもあるということですよね。

堤　ええ、そういうことです。去年亡くなられたヘンリー・キッシンジャー元米国務長官の、「食を支配すればその国の民をコントロールできる」という言葉通り、ある国の食品マーケットでボロ儲けするということは、その国の民の命と健康を支配したも同然なのです。私が以前働いていた金融業界でも、人間の命に関わる「食」や「医薬品」や「水」は、これからますます有望な投資先になる、と言われていました。

そういう会話を同僚としながら、みぞおちのあたりがざわざわするような、嫌な違和感を感じたことを覚えています。

だって考えてみて下さい。私たちが食べるもの、野菜やお米、牛や豚や鶏や魚、どれひとつとして人間が作ったものではないでしょう？　それを先回りして投資商品にして儲けるという。

特に主食になる穀物の先物取引は非常に悪魔的なゲームで、価格の乱高下によって大量の農家が廃業したり、飢えて死ぬ人たちを大勢出すリスクがあるんです。

多くの人が食べ物を手に入れられずに亡くなる一方で、ボロ儲けしてシャンパンで祝杯をあげる人たちがいる。それを知った時、何て狂った世界だろうと背筋が寒くなりました。痩せ細った子供の映ったユニセフのポスターを見て、私たちは「途上国には食べ物がないから子供たちが飢え死にするんだな、可哀想だな」と思う。

でも本当にそうでしょうか？

ポスターには写っていない〈マネーゲーム〉があるんです。

「食べ物がない」のではなく、「高くて買えない」から食べられないんです。

美辞麗句でマネーゲームを仕掛けてくる食メジャーの巧妙なからくり

藤井　豊かな国では捨てるほど食料があるのに、貧しい国では食料を買うことができない。おかしいですよね。

堤　ええ、飢餓をなくすんだという理想を掲げて国連やNGOにいた時よりも、お金の論理で全てが動く金融業界に入った時に、初めてその矛盾をリアルに体感し、頭を殴られたような気持ちになりました。飢餓という結果だけを見て、その背景にあるゲームを動かす〈人間の欲望〉が見えていなかったんです。

藤井　アフリカなど、飢えて亡くなってしまう人が出る国の政府が、グローバルメジャー、つまり世界的大企業よりも圧倒的に力が弱い、ということですね。

堤　はい。しかも、グローバルメジャーは非常に巧妙ですよ。「子供たちが飢えて苦しんでいる。彼らを救うために、飢餓撲滅のチャリティプロジェクトや、農業振興支援計画を実施します」という、美しいスローガンを掲げて途上国にいきます。

でもその時、「農業振興」として持ち込まれるのは、メジャーが売る種子や農薬、化学肥料に除草剤のラインナップ。最初は「チャリティだから無料ですよ」と言われても、一定期間が過ぎると自費になり、それ以降アフリカの現地農家は、継続的に買わなければなりません。

例えば会員制スポーツジムの〈最初だけ０円です〉というお試しキャンペーンで、数ヶ月後から月額会費が引き落とされるシステムがあるでしょう？　あれと同じ仕組みです。違うのは、ジムは途中で辞めても問題ないですが、農業の場合は多くの場合継続的に肥料や除草剤を使っていますから、なかなかそうはいきません。

しかもジムと違って月毎に更新ができず、数年単位以上の契約を結ばされるので途中で止めたら〈罰金〉です。

自動的に息の長い太客になっていかざるを得ない仕組みになっているんです。

そしてこうした農業資材パッケージを買い続けるには、農産品を売らなければなりません。うまくいっているときは良いですが、農業の場合は凶作になることもありますし、遺伝子組み換えの種と除草剤セットを使おうものなら、年々土が弱って収穫量も減ってゆくケースが多く、経費の方が高くなって、最悪赤字です。

外貨を獲得するために、国内で必要な物資を犠牲にして輸出を強行する「飢餓輸出」という言葉がありますが、「食べ物を作っている人が食べ物を買えない」、という信じられない状況を生み出したのは、まさにこの章のテーマである、「食」や「農」のグローバル・マーケット化なのです。

藤井　マーケット機能が生産地以外のところで働いて、価格も農家の手を離れたところで決まってしまう。農家が市場にアクセスできないうえ、自分の口にも入らない。

「作っている農家の人が、その農産品を食べられない」という事例として、カカオ農家がよく挙げられます。植民地時代から引き続き現在も、中南米やアフリカで生産されるカカオ豆は安く買い叩かれ、欧米で先物取引の対象になり、欧米の高級ブランドがそのカカオを使ったアホみたいに高いチョコレートを富裕層に売る。カカオの原価と比べたら何百倍、何千倍です。もちろん、付加価値をつけて売るのが資本主義や商売の基本ではありますが、あまりにも差がありすぎる。

当然、カカオ農家はアホみたいに高いチョコレートを食べたことはない。いくらカカオを作っても貧困状態から脱出できないから、一生、食べられないんです。それと同じことが、穀物でも起きている、と。

堤　カカオはわかりやすい例ですね。ええ、まさにそういうことです。

２００７年から２００８年にかけて、世界中で食料価格が高騰した時のことを覚えていますか?

わずか2年で世界の飢餓人口が1億人を突破した、食料史の悪夢の1ページと言われるあの事件です。あの時も、マスコミのヘッドラインには〈干ばつ〉や〈政情不安〉等のキーワードがちりばめられましたが、実はふたを開けてみると、あの時期の世界の穀物生産量は史上最高記録を出していたんですよ。マスコミ報道とは裏腹に、穀物価格を急騰させた本当の犯人は、バイオ燃料の需要と、投機マネーの流入だったのです。

藤井　確かに、日本では「小麦が高騰！」だとか「パン値上げで悲鳴」などとは言いますが、「小麦が足りなくてパンが作れない」という話は聞きませんね。まだ日本は昨今えらく貧困化が進んでいるとは言え、小麦が買える程度の豊かさが残されているから、パンが作れなくなるわけではない、だけどもっともっと日本が貧困化して、欧米との格差が開いていけば、そのうち、パンが作れなくなってしまう日がやってくる。

堤　はい、このまま〈食と農のマーケット化〉が暴走するのを許し続ければ、確実にそうなりますね。もっとも、パン屋さんの場合は、それ以前に円安やバターなどの材料費高騰でどんどん倒産していますが……。食べ物を輸入に頼っているうえに自国貨幣がどんどん弱くなっているというダブルパンチ、加えてアメリカからの絶え間ない圧力……日本は今本当に、泣くに泣けない状況にさらされていますよね。

「農業の持続的な発展」を果たそうという発想自体がない

藤井　そういう状況の中で、考えるべき日本の食料安全保障とは何なのでしょうか。

堤　ものすごく端的に結論を言うならば、食料メジャーが政治を動かしているアメリカの圧力の下から這い出して、本来の日本が持つ〈食と農の在り方〉を取り戻すことが大前提でしょう。

さかのぼって歴史を見ると、日本の農業政策は、１９６１年に作られた〈農業基本法〉を軸にして作られてきましたよね。

制定当時の日本は高度経済成長期で、方法論としてはとにかく大規模化して労働力を効率化しようと、アメリカ製の大型トラクターを導入して田んぼに入れたり、農家を自立させるべく収量や生産性が最優先になった。

私がアメリカの大学に入学して、一番最初に社会学の授業で読まされたのが、スタインベックの『怒りの葡萄』だったんです。資本家たちが機械化と大規模化によって農民を土地から追い出すというお話ですね。

当時、日本の小規模米農家さんたちに、アメリカ製の巨大なトラクターが迷惑がられたという話を聞いた時、なんて象徴的だろうと思いました。なぜなら当時の〈農業基本法〉というのは、まさに日本がその後半世紀以上にわたりアメリカから余剰農作物を輸入させられるという前提のもとに作られたもの、いわば〈日本の農〉のあるべき姿が崩されてゆく、運命の序章だったからです。

その後、１９９９年に「食料・農業・農村基本法」が制定されます。
基本理念は次の四つ。
①食料の安定供給の確保
②農業の有する多面的機能の発揮
③農業の持続的な発展
④その基盤としての農村の振興
まず、この四つの柱、藤井先生から見ていかがですか？

藤井　現在の行政全体を見る限り、実際に適切な対策がやられているかどうかはさておき、少なくとも議論の上では①の話はしばしば遡上に上ることが、一応あるにはあるようには思います。しかしそれ以外の②、③、④の視点については事実上、ほとんど顧みられることなんてないですね。その法律を知る農業の担当者は知っているのでしょうが、地域や国土の計画や政策、活性化のための行政においてはほとんど完全に無視されていると言って良い状況にあるのでしょう。

そして事実、今日の日本では「農業の有する多面的機能の発揮」をさせて「農村の振興」を促進し、それを通して「農業の持続的な発展」を促そうとする取り組みは、完全に失敗しているとしかいいようのない状況にある。

本来農業には、食料供給という側面のみならず、それを通した雇用の確保や、自給率を高めることを通した食料安全保障や、食料輸入を通した日本人の所得の海外流出の抑止、そしてそれを通した経済成長効果といった経済的、産業的、安全保障的な重大な役割を担っています。しかもそれにとどまらず、国土の保全や地域の伝統文化の保存、維持継承という重大な役割も担います。

これは本書を通じて繰り返し、強調しなければならない点ですが、そもそも日本の伝統文化は、我々人間の営みと自然の営みの接合、融合によってはじめて成立する。そして、その人間の営みと自然の営みの接合部分にあるのが、「農」という営みなのです。

とりわけ日本の場合は、その伝統文化の根幹に「皇室」がありますが、この「皇室」という存在は、日本の「農」と極めて密接な関わりを持っているのであり、農業の衰退は皇室の衰退に直結するとすら言うことができる程の存在です。

そして、皇室とは、アメリカに押しつけられた現憲法においてすら「日本の象徴」と謳われている以上、農業の衰退によって「瑞穂の国」が「瑞穂の国」でなくなり、それを通して皇室が弱体化すれば我が国は「象徴」を失い、日本が日本であり続けるアイデンティティの根幹を喪失することになります。

このように、確かにこの基本法に謳われているように、農業は多面的機能を有しているのですが、このような農の日本における本質的な重要性についての議論を、私は、首相官邸周辺で一度も耳にしたことがありません。

日本が日本であるための拠り所とは

堤 おっしゃる通りですね。日本という国、そして私たち日本人にとって〈農〉というものが持つ本質的な意味。それがこの間ずっと抜け落ちていたという事実こそが、皇室とも密接に繋がった〈アイデンティティ〉を失ったことと重なってくると思います。

つまり、日本が日本であるための拠り所とは、経済性で優劣をつけるという、近代化における一面的物差しでは、決して測れない価値の中にあるのではないでしょうか。

例えば近代的な資材やマニュアルに頼らない、経験から蓄積された虫対策の知恵だったり、自然への眼差しや、人間以外の生き物の命のサイクルを尊重すること。移り変わる四季に感じる豊かさや、できた農産物を〈恵み〉としていただく慎ましさ。

『日本書紀』ではお米は〈命の糧〉であり、人間が作るものというよりも自然に実るものを頂戴するという感覚ですよね。こういうものは、どれも〈生産性〉で点数をつけることはできないけれど、日本人のアイデンティティの根底を形作ってきた、とても大切な要素ばかりです。

そもそも、生き物や自然を扱う〈農〉は、基本的に資本主義の論理が通用しないという前提で考えなければ、どこかで必ず限界が来ておかしくなりますよ。基本法の二つ目の理念である「農業の多面的機能」と言ったって、人間を自然の上に置いて見下ろしているのか、自然を畏怖し敬う視点から見るのかで、１８０度意味が違ってくるじゃないですか。

藤井　今の日本政府は、少し考えれば誰でも分かるような「農業の多面的機能」なんて誰も理解してはいないのです。だから、それを「発揮」させるなんていう立派なことを、今の日本政府ごときにできるはずもない。彼らは、農業というのはあくまでも「食品をつくる産業」の一つとしてだけ、認識しているのであり、しかも、その産業は、日本においては産み出す付加価値が少ない生産性の低い不要なモノに過ぎないという位置づけになっているのです。彼らはとにかく、食料はカネを出して外国から買えばいいじゃないか、と思っているからです。

つまり、②～④だけじゃなく、①の「食料の安定供給の確保」ですら、今の政府与党は蔑ろにしているわけです。「農業の持続的な発展」を果たそうなんていう発想自体が政府、自民党の中には基本的にないのであって、その食産業の担い手である「農村の振興」なんて何の興味もない。

もちろん、自民党の農村票を獲得して議員になった方々や、農水省の一部は、農業発展、農村振興を目指す気持ちを持ってはいますが、今の官邸、政府、与党の中で、彼らの力は極めて弱くなってしまっているのです。それは、海外とのＴＰＰ（環太平洋パートナーシップ協定）やＦＴＡ（自由貿易協定）やＥＰＡ（経済連携協定）等の貿易交渉の展開を見ても一目瞭然ですし、今の政府予算のあり方から考えても、そして、農協改革に対する態度を見ても一目瞭然です。誠に情けない状況です。

半導体への前のめりだけでなく食料安全保障も

堤　農業を人間の営みから一つの産業にしてしまったのは、やはりアメリカからの圧力が大きなきっかけでしたね。農業基本法ができる少し前の１９５４年にアメリカでできた

〈余剰農産物処理法（ＰＬ４８０法）〉に日本政府が応えたことで、アメリカへの食料依存が始まって、それを前提に農業基本法が作られ、のちの貿易自由化やＴＰＰに繋がっていった。

藤井　ＴＰＰについては『クライテリオン』でも反対の論陣を張って頑張りましたが、賛成論は「物が安く買えるようになる」というものから「事実上の対中包囲網だ」というものまで、まさに美辞麗句のオンパレード。その裏で起きるマイナス要素には政治はもちろん、メディアもまったく目を向けませんでしたからね。

堤　当時は「とにかく自由貿易を推進すれば、足りないものは他所から買えばよくて、自由貿易が国家間の外交関係も促進し、すべてはうまくいく」という、政府とマスコミがタッグを組んだ〈巨大キャンペーン〉が繰り広げられていたのを覚えています。

藤井　日本の農産物は、もはや安さでは勝てない。だから高付加価値化を目指して、高級品として海外に売れればいいということもしきりに言われていました。

堤　「輸入を増やせば、いくらでもよその国の作ったものが安く手に入るから、日本人は飢えない」と言われてきた。

それがどうでしょう。コロナ禍に突入した途端、各国が真っ先にやったのは食料の囲い込みでした。輸出をやめるだけでなく、中国は穀物を爆買い。13億人を食べさせなければなりませんから必死です。ヨーロッパやアジアの国々、中東も、生産に力を入れるべく、農家への所得補償について具体的議論を始めるなど、どこの政府も連日緊急会議を開いて話し合っていました。しかし日本でそうした会議や検討が行われていたという話は、聞いたことがありません。

藤井　むしろ話題になっていたのは、マスク不足や半導体不足。日本はコロナ禍で半導体不足に陥って、やれ給湯器が修理できない、クーラーが品薄だと大騒ぎし、国を挙げて「半導体不足を招かないように、国内に製造拠点を作る」と言って台湾のＴＳＭＣを誘致までしました。経済安全保障関連法案を成立させ、半導体製造の新会社まで税金を投入して立ち上げて、半導体人材を育て、産業を復活させると躍起になっています。

世界の先端半導体の多くは台湾企業が手がけているということから、中国の台湾侵攻が起きては大変だということで、いわば対中包囲網的な半導体生産ラインの再構築が行われてもいます。技術を守れ、産業を守れという形で、日本政府もかなりの予算をつけて前のめりになっている。まぁ、そんな予算も財務省の緊縮のせいでケチな水準にしかならないので、たいした成果は得られないとは思いますが、少なくとも日本政府の中には、１９８

0年代には日本の半導体生産量が世界一だったことも手伝って、「日の丸半導体復活だ」と息荒くしている様子がうかがえる。

堤　TSMCは、同じように政府の助成金を使ってアメリカでも工場を作ってますね。蓋を開けてみると、現地で派遣社員が不当に安く働かされていたり、給料未払いや労働法違反、環境汚染、近隣住民の健康被害など、結構日本で報道されていない炎上案件だらけなんですが……。日本政府はそんな訳あり企業の誘致に熱心なくせに、肝心の有事の時の食料自給力の方については、なんとも危機感が感じられないです。

藤井　おっしゃる通りです。食料安全保障についてはは聞こえてくるのはかけ声だけです。半導体復活だ、という経済安全保障のような前のめりの姿勢は全く感じられない。半導体は「産業界の米」とも呼ばれますが、本当の稲や米の話は全く出てこないし、「日の丸米農家復活だ」なんて声はどこからも聞こえてきません。

堤　本当のイネや米の話が出てこないどころか、三井化学が開発した「みつひかり」というお米を発芽率の低さを偽ったり別な種類の種子を混ぜたりと、農家を騙して売っていたことが発覚して刑事訴訟にまでなっている始末です。明らかな種苗法違反でしょう？　しかもこれを7年間も続けていたというのがわかっても、農水省は「いけませんよ」と注意するだけ。日本人の命の糧である米が、あまりにも蔑ろにされていることに、怒りを感じますね。

人間が人間であるためには「ふるさと」が必要

藤井　2023年に入ってからも、ウクライナ侵攻による穀物の高騰、飼料高騰で畜農家が悲鳴を上げていますが、政府はその場しのぎの補償は行っても、農業政策、畜産政策を根本から考え直すような施策を打っているようには見えません。政府はどうしようと考えているのでしょうか。

堤　今ちょうど、先ほど紹介した〈食料・農業・農村基本法〉の見直しをしている時期だったんですね。農水省のサイトにも、「(食料・農業・農村基本法は) 制定から約20年が経過し、昨今では、世界的な食料情勢の変化に伴う食料安全保障上のリスクの高まりや、地球環境問題への対応、海外の市場の拡大等、我が国の農業を取り巻く情勢が制定時には想定されなかったレベルで変化しています」とあり、見直しに向けた議論が行われていることが記載されていました。

実は今回の見直しは、まさに食料安全保障という観点から、日本の農業を考え直す良い機会だったのです。農業は単に「作物を育てて食べる」というだけでなく、環境問題や防災、地域経済、少子高齢化など日本中のあらゆる課題と関係し、先ほど話題にも出た「日本人のアイデンティティ」を作っているベースもあるのですから。

そして何よりも、半世紀以上続いてきたアメリカとの関係が反映されている。この基本法を見直すことは、あらゆる意味でこの国にとっての大きなチャンスでした。

ところが何とこれを、経産省が妨害していたのです。

経産省はとにもかくにも生産性、経済性重視、大量生産、輸出拡大を可能にする、農家の大規模化、法人化を是としています。農業ＤＸ、つまりテクノロジーを使って効率化すべきで、高齢化して担い手のいない昔ながらの素朴な農家は生産性が低いので潰し、新しい技術で問題を解決すべきだと。

その結果、衆議院を通過した新しい農業基本法は、見事にその方向に引っ張られていました。付帯に〈有機推進〉と〈種子の安定供給〉の文字がかろうじて入りましたが、まだ安心はできません。本文には、

「日本の農業の発展と有事の際の対策には、海外からの輸入をしっかり確保することだ」

ですから。信じられますか？

藤井　これでは農水省が経産省の下にいるような状況です。農産品は単なる「商品」ではなく、先ほどもお話しした通り農村があり、共同体がありという日本の原風景と繋がる重要なものです。だからこそ、農水省は地域の農業を守り、価格調整をやってきた。その意味で、先ほども述べた通り、日本にとっては、農業は単なる産業ではない。食料安全保障の視点からも国土保全の視点からも日本の農業は重要ですし、日本の象徴たる皇室が皇室であるために、日本の農が必須です。日本は「瑞穂の国」と呼ばれているわけですから、日本が日本であるためには、日本の農がなくてはならない存在なわけです。

そもそも人間が人間であるためには、象徴が必要であり、「ふるさと」が必要です。そしてそのふるさとは、仮に「都会生まれ、都会育ち」であったとしても、「心のふるさと」として求められるものです。

我々は今、京都大学でこの「ふるさと」という存在の本質的意味についての心理学研究を進めていますが、その中で、「ふるさと」の存在は、単なる情緒的な合理性のない無意味な話でなく、人間が人間として生きていく上で、無くてはならない不可欠なものであり、これが不在となれば、一気に精神的安定性を失い、倫理性を失い、社会的混乱がもたらされ、経済的社会的文化的繁栄が不能となる、というほどに重大なものであるという点を明らかにしようとしています。それほどまでに重大な意味を持つ「ふるさと」の、日本における最大の供給源こそ「農業」なのです。

堤　「心のふるさと」、素敵な言葉ですね。

私は、２００１年にニューヨークで９１１テロを経験したことをきっかけに、金融業界を辞めて日本に引き揚げてきたのですが、帰国してから何度もそのことを体感する瞬間がありました。

何もかもがお金に換算され、物事が高速で進む世界にいた私は、自分がどんなに疲れていたか気がついていなかったし、テロ後遺症もあった上に、何かに負けて帰ってきたような、悔しいような気持ちがしばらく消えなかったんです。

そんなある日、電車に乗っていると窓から田んぼが見えました。

その上空に赤トンボが沢山舞っているのを見たとき、急になんとも言えない幸福感が湧き上がってきたのです。それは、小学生の夏休みに祖父の家に行ったときに見た田園風景を思い出させました。

夜になると田んぼの中の蛙や虫たちが奏でる大合唱や、林を抜けてゆくときに頭上から洪水のように降り注ぐカナカナの鳴き声、田んぼに足を入れたとき、オタマジャクシやゲンゴロウが足首に触れてくるあの感触……、そういうものが一気に蘇ってきて、涙が出てきたんですね。そしてこう思ったのです。〈水田のある国に生まれて良かった〉と。

自分の国に戻ってきて一番癒されたのは、経済性、生産性では測れない、日本の農が持つ、生き物への眼差しだったんですね。

舌先三寸系の経産省に押し負けてしまう悲しさ

藤井　にもかかわらず、このまま農業が衰退し、農村が解体され、日本人全員が都会で生きるようになったとき、日本の混乱、そして今日の恐るべき衰退は今とは比べものにならないくらいに拡大することになるのは必至です。
逆に言えば、今日の日本の様々な混乱は、日本における農業、農村の衰退と都市の急速な拡大によってもたらされたと社会学的に解釈することが可能です。つまりこのままこの農村衰退、都市の拡大がさらに加速化すれば、日本の混乱、衰退がさらに加速することは必至です。

こんなことも理解できず、単に「農作物なんて誰でもどこでも作れるのだから、安いところから買って来ればいい」というような経産省に主導権を奪われ、日本の根幹にかかわる農業を軽視して「それでも続けたいなら、海外に高く売ればいい」なんて言うようでは、もはや日本全体が得体のしれないグローバリストに牛耳られているようなものです。

堤　安倍政権で農水省に横滑りで入ってきた農水事務次官を覚えていますか？「私は農水省を潰すためにここにきた」と悪びれもせず宣戦布告したという奥原正明事務次官です。この方が言い放った「農水は経産省の一農水局でいい」というあの一言にこそ、日本人が〈農〉を通して保っていたアイデンティティを失った事実が、凝縮されていたように思えてなりません。

農水省の畜産担当の部長さんや課長さんが、当時の菅官房長官に直談判しに行ったら、「お前さんたちが辞めればいいじゃないか」と一蹴されたと、元農水大臣の山田正彦先生が怒っていました。官邸の参事官には、多国籍企業の人間がうようよ入り込んでいたと。

藤井　それは酷いですねぇ……。

堤　農水省なんかいらないって、もうとんでもなく傲慢ですよ。

藤井　東京大学農学部ご出身で農水官僚だった鈴木宣弘先生が政府や官庁に「農水省は

農や食を守るなんて馬鹿なことを考えるのはもうやめて、巨大企業の利益になるかどうかで考えなければならない、という圧力が強くなってきて、その延長で経産省で農業も扱おう、という流れができてきている」と仰っていました。

堤　生き物を扱い、自然から頂戴する農という分野を経済性という枠に押し込めようとする、とんでもなく傲慢な考えじゃないですか。それに対して農水省はどんな反応をされたのですか？

藤井　これは土木、インフラ関係の人とも共通する話なのですが、農にかかわる人たちというのは、農水官僚にしてもなんにしても、皆さん寡黙なんですよ。いわゆる「経産省的なもの」「新自由主義的なもの」、もっと言えば「竹中平蔵的なもの」と、土木や農業というのは正反対の性質を持っているんです。少々の問題や不利益があっても、一理あると思えば全て引き受けて、我慢してでもやる。もはや「おしんの『しん』は辛抱のしん……」というようなところがあります。すると、ペラペラ、ペラペラ舌先三寸系の経産省に押し負けてしまうんですよ。

堤　農業関係者には官僚も含め、私も多く取材しましたが、言われてみれば、確かに自然や作物、家畜動物に対しての愛情も溢れていて、優しい方が多い印象でしたね。

藤井　それは本当に何よりも大事なことなのですが、世間への発信となると極端に少ないというのは、大きな問題になっているものと思います。官僚になるとなおさらで、経産省的な「軽さ」がない。農水省もそうですが、国交省も皆無です。もちろん軽いだけなのは論外ですが、真面目でまっとうな方々が寡黙すぎるところに問題の根本的原因がある、とも言えるように思います。

ちなみに僕の父親は電力畑の人間で、既にもうずいぶん前に他界していますが、古い俳優の「笠智衆」のような寡黙な男でした。昔はああいう人が多かったのだと思うのですが、今はずいぶん少なくなってきた。でも、かつて日本には確かに笠智衆に象徴されるような「男がピーチクパーチク騒ぐのは恥ずかしいことだ」「男は黙ってサッポロビール」というような美意識があって、そういう雰囲気を農水省や国交省は、今も残しているんですね。

しかし僕はそういう「寡黙な男たち」が、新自由主義的な軽薄な有象無象にコケにされ、ディスられ、血祭りにあげられているのが、子供の頃から悔しくて悔しくて仕方がなかった。だから僕はそういう惨たらしい現代の世相に反逆するために、「真面目で寡黙な男たち」の代わりに「言挙げ」をしようと思うに至って、現在に至るわけですが――。

堤　「言挙げ」、頼もしいです。藤井先生のエッジの効いた弁説の背景が、改めて腑におちました（笑）。でも、今この国には本当に、こういう気骨ある言論人がもっともっと必要ですよ。

藤井　時代を経れば経る程に、どんどんペラペラの舌先三寸な人々が幅をきかし、寡黙な男たちは蔑ろにされ、どんどん端に追いやられ、搾取される傾向が強くなっている。こんな風潮がこれからも続けば、農水省は本当に経産省に吸収されて、「経産省農水局」か「経産省農水部」に成り下がってしまうことになるでしょう。そうなったら、いよいよこの国も終わりです。

「みどりの食料システム戦略」への不満の声

堤　本当にそうですね、内閣人事局ができて以来、特にひどくなったと聞いています。経産省の引っ張ろうとする方向に反論する官僚は、どんどん飛ばされると。

藤井　効率性、マーケット性だけを全体から切り離して、「もっと効率の良い農作物を作れ」と言って憚らない、その浅はかさ。農業全体が持つ機能に目を配らないこうした経産省的傾向が、「食料安全保障」という観点が出てきてからも見直されないのは本当におかしいとしか言いようがない。食品メジャーとしては「効率化の名のもとに日本市場に参入して儲けよう」というのはわかりますが、日本政府が掲げる「食品安全保障」とは相反する。なのに政府は、矛盾した看板と政策を掲げ続けているわけです。本当に腹立たしい。

堤　その経産省的傾向に沿って、生産性を上げることで農を他の産業に近づけよう近づけようとしてきて失ったものは沢山ありますね。

世界的な脱炭素のトレンドに乗って農水省が去年立ち上げた「みどりの食料システム戦略」の中にも、やっぱりこの間失ったこの国の〈農の本質〉についての言及がどこにもありません。

ヨーロッパを見習って２０５０年までに耕作地の２５％を有機に、という目標は良いですが、有機農業と親和性の高い小規模農家への支援策もなし、水田活用交付金も打ち切られてしまうなどチグハグな印象で、現場からは不満の声が出ているんです。

そもそも有機農業というのは、単なる方法論ではなく、土壌や水や空気や他の生き物との関係性があってこそのはずなのに、この「みどりの食料システム戦略」の副題は、「食料・農林水産業の生産力向上と持続性の両立をイノベーションで実現」なんですよ。
つまりデジタル化やＡＩ、ドローンなどを使うことで、農業を効率化して収量を上げて利益を拡大するという、根底にあるのは今までと同じ方向性なんです。

藤井　確かに「先進的な取り組みを行っている意欲的な農家」としてメディアで紹介されるのは、そういう事例ですよね。

堤　テクノロジーは確かに便利だし生産性も上がるし、若者の農家離れに歯止めを掛けられる面もあるし、もっとロボット化すれば高齢の農家さんが重い荷物を運ぶ負担から解放されるでしょう。

でも問題はテクノロジー自体にあるのではなく、「誰がコントロール権を握っているか」なのです。

デジタル化した際、どこが特許を持つのか。ＡＩ化でＡＩに学習させる農業ノウハウや試行錯誤したデータは誰のものになるのか。ビッグテック、つまりＧＡＦＡのような企業に吸い上げられてしまえば、農家は主権を失い、テクノロジーの所有者（または株主）の雇われスタッフのような立ち位置になってしまう。それでは本末転倒でしょう。

有機農業も、農薬はなるべく使わないという点をクリアしていたとしても、よく見るとその成分は遺伝子組み換えを使っているなど、「表面的に有機農業的に見せているだけ」というケースもあります。

そういうものに頼らざるを得ないとなれば、該当商品を取り扱っている企業に首根っこを押さえられているようなもの。

結局はテクノロジー頼み、グローバルメジャー頼みということになりかねません。

気持ち悪い食料品を売りつけられている日本

藤井　経産省は農業について、理想的、基本的な流れを追求するのではなく、「テクノロジーが解決してくれる」という誤ったストーリーに書き換えようとしているんですね。ましてや農業を行う主体の、自主的な判断、つまり「主権」がどこにあるかなんて、考えもしていない。

堤　はい。これはとても危ない傾向です。というのも、ここでもやはり欧米、特にアメリカの後追いになっていて、「来たる食料危機はテクノロジーで解決しよう」という掛け声の下、アメリカでも今、フードテック企業が大変活発になってきているからです。

フードテック企業で話題になるのは、いまなら人工肉・培養肉や人工ミルク、さらにはコオロギ食。タンパク質不足を補うためにテクノロジーで編み出された「新しい食料品」です。

藤井　その話、ほんっとに気持ち悪いですね、生理的に無理です。きっと僕と同じように感ずる方は滅茶苦茶多いんじゃないかと……。我々は普通に作られた、普通の作物を食べたいだけなのであって、隣の畑で取れたニンジンや、近くの牧場で取れた牛乳を飲みたいだけなのに……。ホントにもうそれしかないのなら、仕方ないかもしれませんが、資本主義の論理でただたんに金儲けが効率的にできるから、っていうだけの理由でそんなもの食べざるを得ない、っていう世の中になってしまうのだとしたら、もう世も末、としか言いようがないですよね……。

堤　次章で詳しくお話ししますが、こうしたフードテックは次のドル箱、開発企業には莫大な投資が集まっているんです。

アメリカは国自体が企業城下町、つまり企業が動かしている国ですから、マーケットが納得しないとだめなんですね。持続可能で、小さくローカルに、多くの人が少しずつ富を分けられるように、という社会構造をよしとしない。

「みんな幸せにでは、儲からないじゃないか」という発想です。

藤井　世界中の人たちが自分で自分の食べるものだけを作っていたら、企業が儲からない。メジャーがマーケットを取れないようなやり方は、今すぐやめろと。

堤　はい。さらに政治家への献金や、「回転ドア」が問題になります。

これは農に限らない話で、私はこれまでの著作で何度も警鐘を鳴らしてきましたが、企業出身者が政府系シンクタンクや有識者会議に入っては、自身の属する業界に有利な政策になるよう、働きかけて誘導し、その後、企業に戻っていくという、「回転ドア」という仕組みが彼らのやりたい放題の出入り口なんです。

「人工肉」以外にも、農業そのものの効率化、つまり手間暇をかけて自然に近い形で農作物を育てるのではなく、あたかも工業製品のように農産物を生産していく最新式の手法が出てきている。

ただ薬品に関しては、ＥＵを筆頭にかなり厳しい制限を設け、こまめに基準を改正してきています。誰だって自分の口に入るもの、自分の体に危険なものは入れたくないですから。先進国でもアレルギーの子が増えてきて、お母さんたちの目が厳しくなってきた。その結果、一時はワッと広まった農薬や遺伝子組み換え食品は、先進国ではもう下火になってきているんです。

するとメーカーとしては、在庫を抱えることになりますよね。それを日本やアフリカに「生産性が上がりますよ」と言って売りつけるんです。企業側としては、儲かったという「おいしい思い」は忘れられませんから。

藤井　いわゆる先進国で食メジャーが売りつけてきた農薬や商品は、先進国では危険視されて売れなくなってきている。しかし企業は、一度儲かったうまみは忘れられない。そこで「こいつら鈍感だからええわ」とばかりに日本に売りつけている。何度も言いますが、日本はいいカモにされているわけです。日本の農業もアフリカの最貧国と一緒で、グローバルメジャーに目をつけられて、安全性の担保できない農薬や、遺伝子組み換え商品なんかが入ってきてしまう。

堤　舐められたもんです。アフリカでも今、食メジャーとビッグテックがタッグを組んでデジタルバージョンの「緑の革命2・0」を仕掛けている最中ですが、日本の場合は他国で禁止されている添加物や保存料などをはじめ、遺伝子組み換えとゲノム編集などまだ未知数の最新テクノロジーのオンパレードですね。

日本のインテリたちはメジャーにいいように転がされている

藤井　しかも、我が国日本においては、そういう危険な農薬や遺伝子組み換え商品が「農業の効率化」という名目で、日本政府が自ら望んで嬉々として受け入れ、日本全体に浸透させ続ける……。愚か者中の愚か者と言う他ないのが、今の日本政府だ、という話です。

そして食メジャーの意向に沿って、政策が変わってしまう。御用学者や御用ジャーナリストが有識者会議に入り込み、政策がいつの間にか食メジャーの思う方向に誘導されていく。日本のインテリたちは私たちはインテリなのだと偉そうに自認してるかもしれませんが、食メジャーにいいように転がされて、自滅的に自ら先進国から発展途上国への坂道を落ちぶれる対策を嬉々として採用し続け、そしてホントに発展途上国としか言いようがないレベルの国に落ちぶれていく(苦笑)。

堤　私が個人的に取材の過程でカチンときたのは、そうしたグローバルメジャーの関係者に「御社の商品、これだけ評判が悪くなったら商品を回収したり、廃棄したりすることになりますよね？」と尋ねたときでした。私の質問に、相手は悪びれもせずにこう答えたんです。

「いや、そうじゃない。もっとコスパのいい方法があるんだ。『うちの商品が危ない』という情報を持っていない顧客に売ればいいんだよ」と。

藤井　なるほど。いわゆるマクロ経済で言われる「レモン市場問題」ですね。アメリカの理論経済学者であるジョージ・アカロフが1970年に論文で使った「情報の非対称性」の例なのですが、レモンは皮が厚いので、果肉の部分の良し悪しはなかなか見た目では判断できませんよね。そういう商品は、売り手と買い手の間に情報格差が生じます。

つまり、売り手はそのレモンがいいものかどうか、情報を持っている。一方、買い手は情報を持っていない。だから売り手は、本来は安い、品質の良くないレモンを高く売ろうとします。買い手は買ってみるまで、レモンの質を判断できない。その差を使って儲けようというのは、やってることは完全に詐欺師と同じです。昔からある古典的な手口ですが、日本はまだそれに引っかかっている。

堤　食料を巡って企業が仕掛けてくるゲームは、オーソドックスで古典的。でも日本は引っかかってしまうんです。

藤井　日本は食品に関しては他国より安全だ、という漠然とした認識を持っていましたが、もはや「今は昔」なんですね。

堤　その思い込みがあるから、見抜けずに引っかかってしまうところも大きいですね。私もアメリカに留学していた頃は「日本って水と食べ物が安全な国だよね」と周りから散々言われていたのですが、今は北欧から日本に旅行した友達が、旅行代理店に「日本の野菜はEUの基準をはるかに上回る農薬や添加物が使われているから気をつけるように注意された」と言ってくる始末です。

その子は結局、東京にあるオーガニックのスーパーで生の野菜とパンを買い込んでホテルで食べていました。外から日本を見る目は、私たちの認識とはもう全然違うと思った方がいいですよ」

藤井　え、そうなんですか!?

堤　知らないのは私たち日本人だけ（笑）。遺伝子組み換え食品の表示を求める母親の運動を全米で仕掛けたゼン・ハニーカットさんという女性は、来日した時に日本国内で売っている有名なお菓子に、高リスクの除草剤がどれだけ含まれているかを、私たちに向かってスライドで紹介してくれたんですよ。参加した日本人女性たちが一生懸命メモを取っている姿は、今考えても本当にシュールな光景でした。

絶対に海外企業や諸外国に「主権」を売り渡してはいけない

藤井　その意味で言えば、「食料安全保障」には二つの意味があることを理解しなければならないですね。一つは安定供給のことで、自給率を含め、通常はこちらを保つことが「安全保障」と言われている。しかしもう一つ、「質の安全保障」が保たれているかも重要だと。日本の食料、質は「高い」と我々も思い込んできましたが、実はもう先進国から見れば「危険」な域に入ってきている……。

堤　まさにそこです。「安全保障」という言葉で包括してしまうのではなく、供給と質の問題は、それぞれ切り分けて議論しなければなりません。

藤井　さらに「安全保障」というからには、「主権」も考えなければならない。それは日本としての主権、そして、日本の農家の主権です。

もしも日本が純粋に「自給率が高まればいい」ということ「だけ」を目標にしたいと決めるのなら――もちろんそれに対して僕は反対しますが――大量生産のための生産性の向

上だけ追求すればいい。あるいは、デフレで安いものしか買えない日本市場に売るのではなく、海外で高く売って儲けたいという経産省的発想「だけ」で農業を日本が考える、ということにするのなら——同じく僕は反対しますが——「質」を保てる農家だけを大切にして、そうでない農家なんてものを全部潰していく、ということをすればよい。それは愚かではあっても、日本人が日本人として、その主権を行使する形で実行することなのですからしょうがない、とも言える。

ですが、デジタルや農薬といったテクノロジーを採用する際に、海外企業や諸外国に「主権」を売り渡す、ということだけは絶対に許されない。それは、政策の合理性があるかないか、という話ではない。しょうがない、では済まされない。国家としての誇りの問題にかけて、絶対に主権だけは他者に譲り渡してはならない、という種類の問題です。

堤　はい、私が「食が壊れる」で問いかけたことの一つは、まさにそこなんです。「他国に依存しない食料安全保障」「農家の自立」と言いながら、テクノロジーや種で他国に依存させられていたら意味がありません。

藤井　主権を売り渡さないために、何よりもまず情報が重要ですね。

堤　はい。なぜ危険な食物の情報が市民に伝えられず、遮断されてしまうのか。

その理由の一つは、マスコミです。マスコミを抑えられれば一般市民に情報は伝わりにくくなりますから。そしてマスコミは食品業界がスポンサーになっていますから、危険性を正面から指摘することは、構造的にできません。

藤井　視聴者の食の安全よりもスポンサーのご機嫌ですか（笑）。

堤　民間企業なので、公益よりも株主なんです。これはしょうがないですね。

藤井　メディアのジャーナリスト魂も、コマーシャリズムには勝てない、情けない話ですが。

堤　残念ですが、「お金の流れ」を見れば、それはもうそういうものだと受け入れるしかないですね。誤解している方が少なくないのですが、私たちがメディアに中立性を求めるのは幻想で、求めるべきはむしろ多様性なんですね。受け手が、そこに気づけるかどうかが鍵を握っているんです。

政府と企業に利益が集中されていく

堤　もう一つは、政府の農業政策検討会や食品安全委員会に、食品業界の人が入ることで、国民ではなく業界の利益のための政策が出来上がってしまうこと。先ほども少し触れた「回転ドア」の問題です。

これは食品だけでなく、製薬やテクノロジー、安全保障、すべてに言えることですが、「業界のために働いている人」が「専門性の高い有識者」として政府の委員に入ってしまうことがままあります。例えば去年農薬の安全評価に関する見直しが行われたんですが、これがまたびっくりするような手法なんです。

まず農薬メーカーが無毒性試験の結果を用意します。で、それを再評価するための研究論文を集めて、選んで、評価用資料を作るんですが、これを評価される農薬メーカー自身がやるんです。おかしいでしょう？

また、委員会の人事もわかりやすい構図になっています。試しに、今の食品安全委員会のメンバーを見てみてください。私の言っている意味がわかりますよ。

藤井　そういう場合、直接的には雇用関係があるとは言えないけれど、広義の利益相反ではありますよね。政府がある政策を後押しすることで、その業界の利益が拡大し、結果的に個別の委員にも利益が回ってくる、と。

確かに、政府の食料や農業や農村についての政策を検討する重要な会議の場には、学識経験者のみならず、食品業界の主要企業の代表的人物が名を連ねるのが一般的なものとなっています。議事録を拝見しても、「世界の流れに合わせて改革すべき」という論調が目立つのですが、その改革は、あたかも日本の国益のために必要であるという論調で語られていながら、実際には日本の国益よりも、特定企業の利益に繋がるのではないかと思えることが散見されるわけです。

政府は、こういう批判をされることを徹底的に回避しようと細心の注意を払っているものと思いますが、それでも、その業界に詳しい人が目にすれば、「これは利益相反じゃないか」と思えることがしばしばある。

その疑いが明るみになったものの象徴的事例が、政府系委員会での某国際政治学者の太陽光発電に関するご発言が、その配偶者の会社の利益に直結するものが数多くあった、という件です。この件については様々に報道され、一時期炎上状態となっていましたが、こういう問題は、各省庁の委員会よりもむしろ、首相官邸主導の委員会で生じやすくなります。

堤　あの方のケースは、以前から、ずいぶんあからさまに誘導するなと気になっていたんですが、フタを開けてみたらかなり悪質でしたね。沢山いるうちの一人ですが。

藤井　その点、農水省が事務を務める場合においては、少なくともかつてはこうした利益相反は必ずしも多くはなかったともいえるでしょう。しかし最近は、常に改革を進めようとする官邸に媚びる傾向が農水省の中にも見られるようになってきており、その影響で、農水省の委員会でも、利益相反の問題が、実態上生ずるリスクが上がってきているのではないかと思います。

堤　おっしゃる通りです。忖度のモチベーションは必ずしも目に見える利益だけとは限りません。火の粉が降り掛からぬよう、空気を読んで沈黙する方を選ぶという加担の仕方もあるでしょう。いずれにせよ、有識者会議の人事や内閣人事局の問題は、私たち有権者が繰り返し追求していかなければ、回り回ってこちらの首を絞める凶器の一つです。このことは、できるだけ多くの国民に知らせる必要がありますね。

昨今、食品表示の基準がどんどん緩められていることは、あまり目立たないけれど、実はこの国の民主主義に関わるとても大きな問題なんです。

例えば、「遺伝子組み換え商品は明示義務がある」とされていたものが、業界の人間が有識者会議に入ったことで方針が変わり、「以降は明示義務なし」となれば、私たち消費者が、最後の最後のところで食べるものを選ぶ権利や、選ぶための情報へアクセスする権利が失われてしまいます。

実際に2023年4月から表示基準が変わり、遺伝子組み換え作物の原材料表示は「意図せざる（遺伝子組み換え作物の）混入が5％以下の場合は表示義務なし」となりました。ゲノム編集の表示義務は最初からありません。

他にも最近変更されたものでは、「化学調味料不使用」と書いたら罰則。「無添加」の表示も罰則付きで規制する。

その一方で、輸入した穀物や野菜を国内で加工するとあら不思議、「国内製造」という表示ができるんですよ。

企業が売るのは自由、気にしない人が食べるのも自由ですが、食べたくない人が、遺伝子組み換えでない食品を選ぶ自由もなければ民主主義とは言えません。表示がなければ、選ぶこともできないんですから。

藤井　恐ろしいですよね。それもこれも、マーケットの力で、金に目のくらんだ有識者や業界人が、利益のために我々の口に入る食品の安全を売り渡しているから起きることです。

政治哲学の世界では、人間の世界はマーケット的ソサエティ、つまり市場的な部分と、非マーケット的ソサエティ、つまり市場の構造に回収され得ない部分があるとされていま す。後者には政治が入りますが、農業も実は、日本の皇室にも結びつくほどの多面的な機能故に非マーケット的な存在として公的認知されるべきです。だから農の全てが市場原理に回収されるようなことがあっては絶対ならないものなのです。

食品メジャーに代表される資本家たちはもちろん、資本主義の根幹は「金稼ぎ」ですから、踏み込んでいける場所があるなら、そこがたとえサンクチュアリ（聖域）があったとしてもお構いなしに土足で踏み込んでいく。社会や政治はもちろん、医療や食品でも区別はありません。

しかし「食」や「農」は、人類にとってのサンクチュアリです。「食」は個体としても重要だし、「農」は人が人として生きるための共同体、人間としての営みとしての農業、という意味でも、いわば根幹にかかわる領域です。ここにグローバルメジャーが踏み込むことになると、我々の社会そのもの、人間であるための生き方そのものが壊れかねない。「人間が人間であるための闘争」を、食品や農業という土台で展開しているのが現在なのだと思います。

堤　極端にマーケット化した、効率性だけが求められる農業には危険が伴います。まさに、〈最終戦争〉と言っても過言ではないでしょう。

藤井　なぜそうなってしまうのか、次章ではより具体的な例を挙げながら西洋の実態を考えつつ、その根本に迫って参りましょう。

第2章

「西洋化」「効率化」が食を壊す

牛のゲップのメタンガスを減らせという暴論

堤　「食」や「農」のマーケット化が進む世界で、現在、重要なキーワードの一つが「環境」です。

藤井　ＳＤＧｓですね。日本は農業に限らず「環境への配慮が足りない」と欧米から言われがちです。

堤　ところが実際にはこれが政治的に利用されて、欧州を中心にかなり不穏な事態になっているんです。特にＥＵでは数万人規模の抗議デモが繰り広げられ、都市機能が麻痺する事件まで起きた。きっかけは、政府の行き過ぎた「脱炭素政策」でした。

藤井　それはテクノロジーやなにやらを駆使するのを怠って、守るべき環境保護基準を達成できないような農家はつぶれてしまえ、という話ですか。

堤　もっと直接的な形です。

例えば、最近よくターゲットになる「牛」を例にあげましょう。

「牛のゲップにメタンガスが含まれていて、温暖化につながる」「牛肉を生産する際に、大量の穀物と水を消費するのは如何なものか」という指摘があるでしょう?

藤井　あぁ、なるほど、確かによく聞きますね。一説によれば、「世界には15億頭の牛がいて、その牛たちすべてがもれなく1分間に1回、ゲップをする。その際に吐き出されるメタンガスは実に強力で、世界で排出される温室効果ガスの４％を占める」……と言われますね。

あるいは「牛肉１キロを作るために、11キロの穀物が必要。牛が食べる穀物を人間に回せば、飢餓をなくせる」とか、環境省のサイトによれば、〈1キログラムのトウモロコシを生産するには、灌漑用水として１８００リットルの水が必要。牛はこうした穀物を大量に消費しながら育つため、牛肉１キロを生産するには、その約2万倍もの水が必要〉など、水と穀物の消費についても問題視されたりしますね。こういう話は、いわゆる「環境心理学」などの欧米型の学会や学術誌で繰り返し強調されてきています。

堤　その通りです。でもそれは今起きていることの一面でしかありません。

牛は確かにメタンガスを発生させる。ただその一方で、牛が草を食べて、それを吐き出したり、糞尿として出したりすることによって、土が豊かになるという大切な循環機能は、議論から抜け落ちているのです。

にもかかわらず、メタンガスにだけ注目すれば、「牛のゲップは環境に悪いから減らすべきだ」となってしまう。

西洋の国々は次々に短絡的な政策を導入していきました。

ニュージーランドは牛のゲップ税を導入し、穀物メジャーのカーギル社は牛用マスクの販売を始め、オランダ政府などは、２０２１年に「環境基準を守れないから、牛の数を現在の30％分、減らせ」と畜産業者に命じています。

藤井　それは滅茶苦茶恐ろしい話ですねぇ……動物を「減らせ」というのは、「屠殺しろ」と言っているわけですから、完全に常軌を逸しているとしか言いようがないですね……。

堤　まさにそうで、環境への配慮という大義名分が、命への配慮を失わせているんです。

しかし、メタンガスに関して言えば、放牧してゲップや糞尿を土に戻すような飼い方をしていれば、きちんと循環して大気中には放出されない。つまり問われなければならないのは牛そのものじゃなく、私たち人間の肥育の仕方なんです。

そもそも牛が増えすぎたのは、大量生産、常時供給を求めた人間の側の責任です。

牧場で草を食べさせ、循環させて育てるのではなく、工業製品と同じ効率重視で牛舎にすし詰めに詰め込んで、抗生物質で管理する肥育法が、さまざまな問題を引き起こしてきました。

大量供給を目的とする工業型の畜産に対応するために、水も穀物も、余計に消費せざるを得ない状況になっているんです。

藤井　まさに「西洋の没落」ですね。アメリカが効率化やグローバル化で本質を見失っていることはもちろん広く知られた真実ですが、ヨーロッパも全く例外ではない、ということですね。

堤　食の工業化が大きなビジネスになり出したのは80年代です。

例えば、建物にできるだけ多くの牛や豚や鶏を詰め込んで、抗生物質と自動給餌器で管理する工業式畜産は、今では世界全体の7割を占めていて、アメリカではなんと畜産の99％がこの手法な上に、抗生物質の7割は人間ではなくこの畜産工場に使われている。一方ヨーロッパは、70年代から動物福祉が法制化されたりしてこれとは逆だったんですが、途中からグローバル企業や金融業界の影響力が強い欧州委員会を中心に、科学技術至上主義で効率化の方向に走り出してしまっているんです。

藤井　建国の過程でインディアンを殺しまくってきたアメリカ人にとっては、牛の屠殺くらいどうってことないんでしょうけど……歴史あるヨーロッパまでが本質を見失っているのは、誠に遺憾ですね……。

堤　私は欧米のこの方法論に、西洋的、近代文明の負の部分が凝縮されているように思えてなりません。

一言で言うと、いのちに対する「優生思想」です。

それまでのやり方にひずみが出てきた時、そこで一旦立ち止まり、「では自然に近い形の飼育方法に戻しましょう」という話にはならず、マスクをつけさせろ、ゲップをしたら税金という罰を与えよ、牛を処分せよというのは、人間以外の生き物を下にみる視点だからです。

取材中にカナダで、「温室効果ガスを出さない牛を、遺伝子操作技術を使って作り出す」研究が進められていると知った時、なんとも言えない哀しい気持ちになりました。

全体の一部だけを見て、外科手術的に患部を排除すればいいというこの発想は、いつか私たち人間も含めて全ての生態系を滅ぼすでしょう。

食の歴史を辿ってゆくことで気づかされる不気味な事実の一つは、「マーケット化」と

「優生思想」が、実はとても相性がいいということなのです。

「農」をデジタル化してゆくと必ず逆襲に遭う

藤井　あまりに一足飛び、極端すぎますよね。

堤　ええ、極端ですし、とても不自然です。けれど工業品のようにマーケット化された食が巨大産業に変わり、ここに「脱炭素」というもう一つの投資要素が導入されたことで、農業、畜産業はさらに狂った方向に進み出しました。

ヨーロッパだけではありません。

例えばトルコでは、飼料価格が高騰して経費がかさんだことから、「牛にＶＲゴーグルを装着」させる実証実験がされました。

実際は狭くて薄暗い牛舎に閉じ込められている牛が、ゴーグルをつけるとあら不思議、お日さまが燦々と降り注ぐ広い緑の草原にいる錯覚を起こすという仕組みです。

狭苦しい場所に入れられていても脳さえ騙されてリラックスすれば、ミルクもたくさん出るし牛も大満足だろう、と。

これ、やっている方は「牛はハッピー、人間もラッキー、一石二鳥だろう！」とご満悦ですが、私の中では〈うーん、何かが違う……!?〉と違和感のアラームが鳴り響いたんです。

藤井先生はどうですか？

藤井　それで牛が騙されますかね。広い草原にいる、という実感は視覚情報だけではなくて、草原の風や匂い、ふかふかの土と草の上を歩く感触や、他の牛や虫、動物との触れ合いなどがあって初めて感じられるものです。五感全てが反応して「草原にいる」と感じるのであって、「バーチャル草原を見せる」だけで代替できるものではないでしょう。

人間は確かに視覚情報の比重が多いので、ＶＲで没入感を得ることができますし、ある意味で「そういうものだ」と思い込むこともできるかもしれない。だから怖い面もあるんですが……。ただ、動物はそうはいかない。むしろ、現実と視覚情報の不一致によって、牛の頭がおかしくなるんじゃないですか。

堤　私もそう思います。人間だって、頭と心と身体がバラバラになるとストレスを感じて、自律神経がおかしくなるでしょう？

藤井　宮台真司さんとの対談本『神なき時代の日本蘇生プラン』（ビジネス社）でも指

摘したことですが、仮に人間社会がメタバース化していっても、身体は絶対的にリアリティ側に属さざるを得ない。

僕であれ牛であれ、身体というのは森羅万象の循環の一部を構成していますよね。雨が降って流れて、その恵みを生き物は口にして、排泄して、死んで土に還る、という循環の一部で、牛も、そしてもちろん人間も例外ではありません。

だからいくらメタバースが発展しても、自然の生態系の中に自分の体を埋め込み、そこから得た恵みを頂くよりほかに、生物が生きる道はない。そこに「農」も「食」も含まれているわけで、どこまでもリアルな世界からは逃れられない。完全にデジタル化、バーチャル化して生きることはできないんです。

だから仮に「農」をとことんまでデジタル化していっても、その先で必ず逆襲に遭うはずなんです。行くところまでデジタル化した世界がもたなくなった時に、すべてをデジタルに頼っていた人間社会の仕組みはすべてダウンしてしまう。その時に、「土を耕して、食べ物を育てる」「草を食んだ牛から肉や牛乳を得る」という最低限の「農」の能力を失っていたら、人間はどうなるか。

堤　同感です。最適化に最もなじまない農や食を、デジタルとバイオで支配することのしっぺ返しは大きいと思います。

繰り返しになりますが、この発想の根底にある「優生思想」のリスクに、今の時点で私たち人間が気づくことは、とても重要だと思えてなりません。

それは、「果たしてこれは、デジタル時代の『動物福祉2・0』ですか?」という問いです。

コスト削減という経済の論理で正当化して、脳と身体を切り離すことについて、一体、牛たちに選択肢は与えられたでしょうか? 倫理的観点からの議論が抜け落ちているとしたら、私たちは一度立ち止まる必要があるでしょう。

テクノロジーだけを信奉することの怖さは、自然や命に対する畏怖を失ってゆくことです。そのまま行くと、気づいた時には、牛ではなく私たち自身がゴーグルをつけて、管理される未来が来ているかもしれません。

デジタル人材を育てろという掛け声は大きいですが、藤井先生がさっきおっしゃったように、やはり人間として大事なのは、「実体験」ですよね。土をいじって生態系の循環の重要性を知り、生き物としてのアンテナを働かせ、感性や危機察知能力を備えていくことのほうが、ずっと重要だと思います。

「生命はデータ処理だ」と言うのは、歴史学者のユヴァル・ノア・ハラリ氏の言葉ですが、私たちはすでに遺伝子すらデータで売買される時代に突入しているんですよね。

本来、生きるということは生態系の一部としての命であって、知能や知識をデジタル空間においておけばいいというものではないはず。

デジタル化やＡＩはあくまでも道具に過ぎないのに、進化のスピードがあまりにもドラスティックなので、その尻尾を捕まえようと必死になっているだけではとても危ない。

かつてないほどに「哲学」と、立ち止まって原点に帰る必要性が高まっているのはそのためです。そうでないとかなり怖い世界に突入して、文明を根こそぎ変えてしまいかねません。

命の循環から切り離されかけてる私たちを救う最後のヒント、それが「農」ではないでしょうか。

藤井　土をいじり、種や苗を植えて、育ててみなければわからないという不確実性。デジタルやメタバースに対する最大のアンチテーゼこそ、「農」ですよ。

堤　ええ、まさに。

藤井　「この構造のおかしさに、はよ気づかんかい！　アホな現代人ども！」と怒鳴りたいくらいですね（笑）。もちろん、余った時間を余暇としてバーチャルな世界で過ごすのではなく、人生の主体をバーチャル世界に置き、実態としての体がもつ最低限の食事のために農業をやろうというような発想でいたら、マジで人類は終わります。

もはや私たちは、何を食べさせられているのかわからない状態

堤　その話は、アメリカに住んでいた時、〈食事は空腹を満たし身体を機能させるために、カロリーだけ摂ればいい〉と言ったアメリカ人の友人を思い出させます。もう、「何が楽しくて生きてるの？　人間やめてるんですか？」と呆れちゃいましたよ。

ところが今や世の中、そっちの方向への引力が強くて、お金もそっちへ流れているでしょう？

日本でも、「手間はかかって生産性は低いけれど、昔ながらのやり方で安心安全な米を作ります」という農家より、「デジタル技術やＡＩ、ゲノム編集やコオロギの大量養殖など、最新技術を使って効率的にやります」という生産者には政府補助金が出ていますからね。

マーケット化されて巨大産業になった食は、「より効率的で賢いものであれば、自然でなくてもいいじゃないか」という発想に「脱炭素」という大義名分が乗せられて、人工肉という新しい市場が歓迎されるようになりました。

アメリカでは大豆を元に作られた「インポッシブルバーガー」という人工肉が売られていて、２０２７年には市場規模が１兆８０００億円にも達するとして注目されているんです。

藤井　誰がそんなもの食べるねん、と思ったのですが、そんなに売れているんですか。

堤　はい。これまでにも植物性たんぱくを使った人工肉、フェイクミートみたいなものはあって、環境保護意識の高い人やベジタリアンに需要があったんですが、これが正直言ってパサパサでおいしくなかったんですよ。そこでインポッシブルバーガーを手掛けるインポッシブル・フーズ社は、そこをテクノロジーで改良したんです。

ベースとなる大豆やえんどう豆に、筋肉や血液中に含まれるヘム化合物を人工的に培養して注入し、本物の精肉に近い赤色を出すことに成功した。これによって牛肉の触感や味に近づいて話題になると、早速、大口顧客の学校給食に参入しました。

でもフタを開けてみると、このヘム化合物は自然界ではごくわずかしか取れないため、遺伝子組み換え技術が使われていたり、売れてきたら今度は、大量生産のために原材料の大豆を遺伝子組み換えに変更……いやいや待ってください、環境に良くて動物を殺さず、健康にもいいと謳われたはずの奇跡のバーガーは一体どこに……？

藤井　「牛肉に似た、化学的に作られた何か」を食べさせられるのは、正直ごめんですね。

堤　インポッシブル・フーズ社にはマイクロソフト創業者のビル・ゲイツが、実に100億ドル、1・5兆円もの巨額出資を行っています。彼は大きなリターンのない投資はしません。「人工肉で気候変動と食料不足を一挙に解決できる！」というキャッチフレーズは今も健在ですね。

でも、実はこれはまだまだ序章に過ぎません、『ルポ　食が壊れる』（文春新書）では多くの事例を取り上げましたが、遺伝子組み換えサーモンに、ゲノム編集で肉厚になったマダイ。これらはすでに商品化されて、日本でも流通が始まっています。

あるいはコロナ禍で品薄が警戒された粉ミルクの代わりに作られた「培養母乳」。さらには「子供が注射を嫌がるなら、これを食べさせればいい」という発想から開発されているコロナワクチン接種と同じ効果が見込めるワクチンレタスなど、世界では今、想像を絶するような食品が、テクノロジーによって生み出されています。

その一方で、こうした新しい食品を効率よく売るために、成分表示はどんどんわかりにくくなっている。

もはや私たちは、何を食べさせられているのかわからない状態です。

判断材料としての「食の情報」を与えない無責任

藤井　医学的にはもちろんのこと、進化論や、政治思想でも言われることですが、本来「安全」というのは短期的に影響がないものを指すのではなく、長期間、一定程度の間、安全であることが確保されて初めて確立できるものですよね。

遺伝子組み換え食品や、人工的に作り出した化合物を添加された「牛肉のような何か」は、確かに短期的な検査では「危険ではない」のかもしれない。しかし長期的に、その「牛肉のような何か」「不自然な遺伝子配列になっている野菜」を食べ続けて、本当に安全なのかどうかは、現時点ではまだわからない、と言わざるを得ないですよね。

そういう長期的な検査、観察はしていないわけですから。後になって「副作用がありました」と言っても取り返しはつかない。

堤　その通りです。長期の安全性試験の結果が出ていないものは「予防原則」を使うのが本体の政府の仕事だったのに、「イノベーション」という経済の論理がそれを脇に追いやっているのが日本やアメリカなんです。たまに、「自分の意思でお金を払って商品を購入し、食べたい人がいるなら何が悪いの？」と、企業活動の自由を個人の権利とごっちゃにする変な主張がありますが、薬と一緒で、判断材料としての情報が与えられなければ、そもそも選択肢自体がないじゃないですか。

藤井　医療で言うところのインフォームドコンセントは、食においても必要です。医療では、リスクを隠蔽して手術や投薬をして、「失敗しちゃいました」「副作用がありました」では済まない。「次からは気を付けます」と言ったって、実験台になった当の本人はもう死んでいるわけですから。それなのに、自分の体を作る食の分野で、情報や危険性が告知されないのは怖いですよ。

堤　アメリカでは、こうした「食品まがい」のものに対する高い警戒心を持っている人も多いし、訴訟大国なので、安全性に関する裁判や情報開示請求も盛んにおこなわれています。アグリビジネス側もせっせと政治家に献金したり、俗にいう「回転ドア」をぐって監督省庁に人員を送り込んで規制を緩めさせたりして、このイタチごっこが繰り広げられているわけですね。

一方日本には、「人工肉がトレンド」とか、「コオロギ食が地球環境を救う」という美辞麗句だけが入ってくる、情報の偏りが激しいことが問題です。でも正直言って、私たちが食べたいのは人工肉やコオロギより、普通のお肉やお米でしょう？

藤井　全くそうですよ。何が悲しくてコオロギを食べなあかんねん！　という話で、少々学術的にこの点を解説するなら、科学的検証と一般的に言われているものよりも、人間の生理的嫌悪感の方が進化心理学的に考えるとより適正な検証システムとなっている可能性があるわけです。だから、こと食に関しては、どっかの誰かのいい加減な「科学的検証」なんてものよりも、生理的直感を優先することは学術的にも十分正当化され得るわけです。

堤　そのコオロギだって、自然な環境にいるのではなく、大量生産する用に品種改良されている虫たちですよ。これ、環境にいいという触れ込みですが、大量養殖には電気もすごく使うので問題になっています。

さらに、欧州食品安全機関が甲殻類アレルギーなどのリスクを指摘していたんですが、そしたら今度は、ゲノム編集技術で遺伝子を操作してアレルギーのないコオロギに作り替えるから大丈夫！　と。さっきの牛たちと同じ発想です。

まったく、コオロギたちも迷惑ですよね。

こうやってみると、コロナや気候変動や紛争など、有事をきっかけに世界中が自国の食料安全保障を大慌てで見直す中、日本が抱える問題は、食と農の政策が「生産性」「効率」「大量生産」「テクノロジー至上主義」など、完全に経産省目線であることでしょう。政府はどこを見ているのか？　という……。

藤井　政府も当てになりません。経産省は「効率性」「利益」という数字しか見ないし、農水省は後景に追いやられています。世間はやたらと「地球環境」やら「ＳＤＧｓ」といった切り口に弱いし、世論のオピニオンリーダーであるインテリ層においては経産省的な見解に概ね賛同している。これでどうやって食料安全保障を達成できるのか。農家はもちろんのこと、政治においても、そしてもちろん一般の皆さんにおいても、デジタルや効率化、〝環境のために〟なんてフレーズを聞いたら、むしろ警戒するくらいの姿勢が本来なら求められているんじゃないかと思います。

「農家の知恵」がすべて蒸発してしまう危険

堤　今、「農業２・０」の名のもとに進められているもう一つ危険なことは、テクノロジーを使ったグローバル企業による生産者や消費者の囲い込みです。

例えば、さっきから話題に出る、牛を育てて食べることは、昔から、世界各地で行われてきた営みですが、「血のしたたるような風味の人工肉」を大量に作り出せるのは、巨額の資本を投入してトップクラスの科学者と弁護士を大勢雇い、特許を持ち、大量生産できる設備を持っている企業に絞られてしまう。中小の生産者が淘汰されて垂直統合されてゆくという、今までの工業式畜産と全く同じビジネスモデルを繰り返しているのです。

畜産だけではありません。マイクロソフト創業者のビル・ゲイツは、自ら設立した基金でアフリカのプロジェクトに投資していますが、その実態は「農業支援アプリ」を通してＡＩが農薬や化学肥料の適正量を教えるというもの。アフリカの人たちの能動的、自立的な農業を支援するものなんかじゃありません。逆に主権や地方自治を奪っているのです。

「ＡＩがビッグデータから出した適正量だから、農薬を使い過ぎなくていい」「アプリの指示に従っていれば、効率的農業ができる」という触れ込みですが、いつどこで、どの農薬をどれくらい蒔くかを教えてくれるアプリがあれば、農家で親から子供へノウハウや知恵を引き継ぐ必要はなくなるんです。

藤井　ただアプリに指示されるままに農薬を蒔き、水をやって、収穫するということですか。それでは人間の主体性が奪われている、っていうことになってしまいますよね。

堤　ええ。デジタル化の議論で最も見落とされているのがまさにその、「誰が主体性を握るのか」というところなんです。

人間にとって、地球にとっての「農」とは何か？　という問いが先にあり、そこから得られた思想や知恵、倫理や哲学があった上でテクノロジーを活用するなら話は別で、有効に活用もできるでしょう。

でも、単に最適化ファーストで生産性と効率化という謳い文句に乗せられてアプリを使い、囲い込まれ、経験から積み重ねてきた知恵の伝承や、大地とのつながりが失われてしまったら？

アプリは大変〝親切〟なことに、勝手に特定の農工具や農薬の発注までやってくれるんです。アマゾンに「定期便」といって、消費者がその都度頼まなくても、指定した間隔で商品を継続的に届けてくれるサービスがあるでしょう？　こういうサービスを使い始めると、他のサイトや小売店のサイトと価格や商品を比較したり、自分で考えて「選ぶ」という行為は要りません。囲い込まれてゆくんです。これを農業でやっている。アプリで把握されているので、「そろそろ農薬が切れますね。発送します」というわけです。

藤井　こういう手法が、「農業ＤＸ」とか「農業２・０」という触れ込みで、何か先進的な取り組みであるかのように浸透してくるんですね。これでは農村共同体はもちろん、農家の知恵みたいなものまですべて蒸発してしまいます。

堤　そういうことです。共同体どころか、無人の畑にドローンだけが飛び交う光景が普通になってくるでしょう。

藤井先生がなさっている「ふるさとの研究」ですけど、さっきも少しお話ししましたが、私はアメリカから帰国した時に、秋に風で一斉に揺れる金色の稲穂や、鏡のように水面が輝く田んぼや、そこに手を入れた時の生き物たちの気配、上空に舞う赤とんぼの群れ、車で走るとどんどん緑が深くなる森の木々を見て、ふるさとに帰ってきたことを五感で感じたんです。日本人にとってのふるさとは、農が作る景観のなかにあるんだな、とつくづく気づかされました。

こういう、私たちのアイデンティティに関わる貴いものの価値を無視して、経済の論理で動くグローバル企業には、手を突っ込ませたくありません。

藤井　これはもはや、グローバル企業における計画経済みたいなもの。計画経済は「国民のため」というお題目で国によって行われていることですが、いまの現象はグローバル企業が消費者の選択の余地を奪い、グローバル企業の利益のためにのみ動くように設計されています。東西冷戦で敗れたと言われてきた「計画経済」が、「市場原理」の名のもとにグローバル企業によって新たな形でインストールされているかのようです。

そもそも計画経済というのは、一握りの人々がつくった「計画」に基づいて、経済を回していこうとする考え方を言います。もちろん、計画経済そのものが全てダメというわけではなく、経済を発展させていく上で「計画を立てる」という行為は絶対に必要なプロセスです。計画を何もかも否定し、全てマーケットに任せてしまえば、結局は私企業たちの思惑で経済が展開していき、人々は必ず不幸になってしまいます。

だから、そうした私企業たちの私利私欲に基づく、一般の人々にとっては損失や搾取ばかりが横行する「完全な自由市場」を避け、私企業の暴走を食い止めるために、国民や国家の代表、あるいは、国民や国家の利益を慮り、国民や国家の利益のために考える一群の人々が、そのために必要な「計画」を立て、自由な経済の展開方向を誘導していくという姿勢はとても大切です。

堤　計画を立てる人たちが、その先にどんな社会を描いているかによって180度未来が変わる。ここのプロセスこそが、国民の幸不幸を分ける、大事な部分ということですね。

藤井　おっしゃるとおりです。しかし、計画経済の最大の弱点は、その計画を立てる一部の人々が「優秀で、かつ、公益のために計画を立てるという意志を持つ」ことが必要だという点です。東西冷戦でソ連がアメリカに敗れたのは、この前提が成立していなかったからです。一般に言われているのは、ソ連はどれだけがんばっても、アメリカに勝てる程に優秀な「完璧な計画」が立てられず、滅び去ってしまったわけです。

見えない「回転ドア」の問題

藤井　そしてその結果、世界は「自由主義経済」が一人勝ちする状況となったのですが、その中で大企業たちが、世界中のマーケットを獲得していって、「グローバル企業」

となっていった。そして今やもう、このグローバル企業たちは、一国の政府よりも圧倒的に強いパワーを持つに至った。そして彼らはそれぞれの国の政府に上手に入り込んでいき、大きな「政治力」を持つに至ったのです。

堤　第1章で話題に出てきた、政府と利権当事者たちの間にある、見えない「回転ドア」の問題ですね。

藤井　はい。この点はナオミ・クラインの『ショック・ドクトリン』（岩波書店）や、それを堤さんが紹介した画期的なNHKの番組『100分で名著』、さらにはご自身の著作などで折に触れて指摘されていることですが、改めて説明しておきましょう。

アメリカで「回転ドア」と揶揄されるように、ある層の人物たちが財界とホワイトハウスを、まるでビルの入り口にある回転扉を使って往復する、というような人事が繰り返されています。第42代米大統領のジョージ・ブッシュや、その副大統領のチェイニー、国務長官のラムズフェルドらがその代表ですね。今やホワイトハウスは、グローバル企業に巨大な支配的影響力を受けていて、献金はもちろん人事でも、その意向を無視できません。

さらには日本でも、経済財政諮問会議には必ず、日本の財界のトップが二人参加する事になっています。民間委員が四人しかいないにもかかわらず、です。そしてその発言力は、並の国会議員のみならず、大臣などよりも大きなものとなっています。

堤　それ、本当におかしいですよね。私たち国民は、スキャンダルや失言、最近だと裏金問題が発覚した政治家の顔をワイドショーで見せられると、「あんな、今だけカネだけ自分だけの強欲たちが、私腹を肥やして国民を苦しめてる！」と怒りが込み上げてきますけど、本当に彼らのやりたい放題を止めたければ、実はチェックすべきはまさにその、〈有識者会議のメンバー〉なんです。

今、藤井先生が指摘された〈経済財政諮問会議〉に財界のツートップ、は明らかにわかりやすい例ですね。実はそれと同じ光景が、ほぼ全ての有識者会議で見つかるのです。水道の運営権売却の審議会にフランスの水メジャーの役員が入っていたり、新薬の安全性を評価する審議員に製薬メーカー関係者、とかそんなのばっかりですからね。

藤井　ホントにそうですよね……。グローバル企業は今や、日本やアメリカのような「大国」においてすら相当の影響力を持っているわけですから、中小国においてはその影響たるや凄まじいモノとなっていることは間違いありません。そうして、グローバル企業は、それぞれの国の法律に上手に抵触しないようにしながら、つまり、利益相反だと言われるコンプライアンス問題を上手に回避しながら、それぞれの国の政治に巨大な影響力を発揮しているのです。

そして彼らはとにかく、それぞれの国で、自社の商品やサービスをより多く、より高く売り飛ばすこと「だけ」を考えています。そして彼らは、そんな目的のために日々、優秀な人材を集めて、最も効率的効果的な戦略を考える「会議」（あるいは、経営者を中心とした打ち合わせ、相談会）を連日繰り返しています。この「経営企画会議」こそが、誠に皮肉なことに今世界を動かしている最も重要な意志決定機関となっているのです。


堤　「経営企画会議」という名の強欲フリーライダーですね。

もう一つ、日本で暗躍するこうした人々の場合、今や肩書きが日本企業の役員でも本社は外国資本というパターンが急増しているので、注意しなければなりません。円安や銀行法改正の後押しでどんどん外資に買われているからです。

藤井先生が今おっしゃった、「世界を動かしている意思決定機関」というのは、背筋が寒くなるような話ですね。この手の話ではよく、パソナグループの会長をしながら派遣法や労働法の規制緩和で旗振り役をした竹中平蔵さんがアイコンのように話題に上りますが、今やみなさん開き直った態度で、利益相反を指摘されてもどこ吹く風の態度で居座るようになっているのが腹立たしいです。

以前ウォール街の元同僚に、日本の有識者会議は素晴らしい。ロビイストを雇うより遥かに効率が良いじゃないか、と褒められましたよ。悔しいでしょう？　もっと多くの国民に知ってほしいことの一つです。

藤井　そりゃ酷い……。そもそも「一社の利益を拡大する」という目的は、「一国の繁栄を続ける」という目的よりも圧倒的にシンプルな目的であり、その達成は圧倒的に「簡単」です。ただただ、万人が麻薬のように依存する製品をつくり、それを麻薬のように使い続ける環境を整える、というのが、その経営企画会議のミッションです。

ところが政治においてはこれほどシンプルに簡単に話は収まりません。例えば日本なら、アメリカからの独立を目指しつつ、中国や北朝鮮、ロシアとも対峙しつつ、韓国や台湾、さらにはＡＳＥＡＮ諸国と連携を図りながら、極東での安全保障環境を外交と軍事を活用しながら整えつつ、少子高齢化の中でその緩和を試みつつ、低迷するデフレ経済を立て直す、そして、日本各地の伝統文化を守り、皇室をお守りする……こうした多面的な目的を全て適切に達成し続けなければならないわけです。

そんな「政治」の営みに比べれば、一社の利益を拡大するという取り組みは圧倒的にシンプルで簡単なもの。それはさながら、地域経済において、顧客の事を考え、伝統を守り、地域の発展を考える老舗と、暴力的に利益の拡大だけを考える新興企業なら、後者の方が圧倒的にシンプルで簡単であり、したがって、必然的に圧倒的に「有利」となる、という話と同じなのです。つまり、「正直者が馬鹿を見る」という話です。

グローバル企業が作る計画経済の怖さ

藤井　この「正直者が馬鹿を見る」話が、世界中のマーケットで進んでいったわけで、グローバル企業が各国の国産企業のみならず、各国政府に巨大な影響力を持つようになったわけです。その結果、グローバル企業の経営者が立てた経営戦略、グローバル企業の経営企画会議で立てられた経営戦略に基づいて、世界中の政治、経済が動かされるようになってしまった。

そしてまさに、自由主義経済が究極的に進化を遂げ、その先に、グローバル企業が立案する「計画」に基づいて、グローバル企業の利益のためだけの「計画経済」が実現するに至ったわけですね。

堤　正直者が馬鹿を見る……。そんな夢も希望もないような世界観を、子供達に手渡したくありません。

今、藤井先生が説明して下さった、グローバル企業が作るその〈計画経済〉の最も怖いところは、本来は営みも目的も異なるはずの政治と経済の境界線が、進化のある地点で消滅し一体化する。今まさに私たちがそこに向かっていることですね。

デジタルテクノロジーの進化は、コロナ禍という緊急事態下で一気に皆の日常に入り込み、ライフスタイルを大きく変えてしまいました。

人権や環境という普遍的な公益の観点から中国を批判していた西側の資本主義国が、今やあの国の体制を称賛するようになったのは、この計画経済がまた大きく進んだ証に他なりません。

新自由主義は進化すると寡占化によってカルテルを形成するようになり、民主的な決定プロセスや多様性が計画経済の障害になってくるからです。

鄧小平が新自由主義の講演を聞くために、ミルトン・フリードマン博士を中国に呼んだのを覚えていますか？　ウォール街とグローバル企業群が、中国の政治体制に熱い視線を注いでいる理由は、国家対国家の政治から見てもピンとこないですよね。

でも今の先生のお話の、〈グローバル企業の経営企画会議〉からすると、今の中国は、

〈政治は独裁、市場はフリー〉という、いわば彼らの目指す最も効率のいいビジネスモデルであることがよくわかります。

それをデジタル化が加速させ、いよいよこの世界観と最も相入れない「農」という分野に手を伸ばしてきました。

どんなにバーチャル化、デジタル化が進んでも、人間が生活する以上、食べ物は絶対に必要、裏を返せば、「人間がいる限り、永遠に需要がなくならないし、有事には奪い合いになり、囲い込むほどに値が跳ね上がる優良投資商品でもある。

だからこそ食品以外のグローバルメジャーである、グーグルやアマゾンのような巨大テック企業が、農業に参入を始めているのです。例えばさっき話したようなマイクロソフトの農業アプリや、中小の生産者を囲い込み、次々に淘汰してゆくアマゾンの流通プラットフォーム、キャッシュレス業界もどんどん入ってきていますね。

藤井　先程も話題になりましたが、エネルギーと食と医療は根源的な需要で、何があっても必ずキャッシュフローが生じますからね。そこに資本家、キャピタリストたちが関心を示さないはずがない。

堤　ええ。投資家からすると、この3つは昔から安定的なドル箱ですからね。

でも、デジタル化のメリットである「スピード」「効率化」や「常に決まったプログラム通りに動く」などの要素は、相手が「自然」や「生き物」である農業や畜産、漁業などとは相性がよくないんです。にもかかわらず、「牛がメタンを出すから殺せ」「牛肉が食べたければ人工肉でいい」「農業はアプリの指示通り効率的にやればいい」というのは、まさに効率だけを考えた、デジタルによるデジタルのためのデジタル的発想なんですよ。「デジタル化で効率化すれば、もっと良くなる」、だから農業も食もデジタル化しよう、というのは本当に短絡的で恐ろしい考え方です。

ＡＩに人間性を奪われない鍵

藤井　これは哲学・経済学・心理学などでも言われているのですが、特に経済学では一般に「オプティマイゼーション（最適化）」が好まれます。オプティマイゼーション、すなわち最適化は多くの場合、「実質を保ったまま、無駄を省くことでより効率の良い状態に近づける」ことで達成されます。コンピュータープログラムなんかではまさに「最適化」が至上とされていて、ほとんどプログラム用語として人口に膾炙しつつあります。

経済学では、人間も企業も、もれなくこのオプティマイゼーションを追求していると仮定しています。「100のオプションから一番いいものを選んで、後は捨てる」という発想です。しかし実際には、生物は「サティスファイシング（満足化）」を基本としています。サティスファイシングとは「satisfy（満足する）」と「suffice（十分である）」を組み合わせた言葉で、経済心理学者で1978年にノーベル経済学賞を受賞したハーバート・サイモンが提唱した概念です。

サティスファイシングは、世の中のすべての事象を見渡すことができない状況下で、「まあこれでいいだろう」と考える判断を指す。他にももっといいものがあるかもしれないけれど、とりあえず満足できるオプションがあるならそれで十分だということで採択するけれど、そのオプションでは問題があるという場合に限って拒否するというシンプルな原理です。

もし本当に生物がオプティマイゼーションを行っているなら、生態系に存在する生物は最も優秀な一種類だけになってしまいます。しかし実際はそうはならず、僕らのような生命体は、当然、森羅万象すべてを把握できないし、それらを自分の好き勝手に組み替えることもできない。自然というのは特にそういう形で成り立っていて、フンコロガシがいたり、ミミズがいたり、鳥や動物がいて、草が生える……というのは、「生きていけるなら、まあいいだろう」という形で多くの動植物が生きていくことが自然環境の中では許容されている。つまり自然というものはそもそもオプティマイゼーション、最適化の原理でなく、サティスファイシング、満足化原理で成り立っているのであって、だからこそ必然的に自然と多様になるんです。

堤　最適化の原理で動く世界では、常に無駄で不要かどうかについての比較とジャッジに晒されるわけですよね。それを生き物の世界に適用するのは、自分を神の位置に置き、いのちの価値を評価してゆくという、冒瀆的行為だと感じます。

現状と比較してもっといいものがあるかもしれない、その判断基準とは一体何か？　さっき話題に出た、遺伝子操作によってメタンガスを出さない牛を作る発想ですね。これを満足化原理の視点で見ると、牛を変えようとせず、生命体としての牛をありのまま受け入れることと、良い具合に共存する知恵を出さなければならない。

本当は、いのちそのものへの畏怖と慈しみ、そして知力とは、人間に与えられた最も大きな宝物ではないでしょうか。

この二つを使うことこそが、ＡＩに人間性を奪われない鍵だと私は思います。

藤井　おっしゃる通りですね。それが当たり前の良識ある人間が採択すべき態度です。ところが経済学者はオプティマイゼーションが大好きで、「効用最大化」とか「パレート最適」と言って、何でも「一番強いものだけを残して、後は競争しても勝てないんだから全く無駄であって、それがどうなろうが知ったこっちゃない」と考えがちです。なんでも数学的に、機械的に考えて、例えば「農家が１００軒、集まったら、一番売り上げの多い農家だけを残して、後は全て潰して、その代わりにコンビニを開業させたり更地にして駐車場にするなりした方が効率がいい」と考えるわけです。

当然、最適化原理で行けば多様性は失われます。本来なら二番手、三番手で生きる道もあるのに、「一番手ではない」という理由だけで、事実上、存在を抹殺されてしまう。

堤　まさに「農業アプリ」の発想ですね。

一番、効率の良い事例をまねて、その通りに農薬を使い、種を蒔けばいい。効率化の名のもとに、別の方法、別の価値観が入る余地をなくしてしまう。農家の方々は、日々大地と繋がり、作物の変化や虫や鳥など周りの生き物たちの様子を全身で感じとりながら、判断しているのですよね。畑が10あれば、10通りの変化がある、とみなさんおっしゃいます。その一つ一つが見せる顔が毎日違えば、そこで出す知恵もまた違う。一期一会の積み重ねである自然を相手にするからこそ、多様性を受け止める感性が自然に育まれてゆくのが「農業」という営みなんだと、私は取材をしながら改めて気づかされました。

「最適化って、なんか気持ち悪い！」

藤井　そもそも「最適化」なんて、コンピュータなら可能でも、生物界ではありえないことなんです。最適化を突き詰めていけば、クラスで二番目にいい点数を取った秀才だって、勉強をやめろということになってしまう。経済学的にはそれが「適者生存」ということになるんでしょうが、環境が変わって、今度はかけっこで序列を決めるとなったら、誰も生き残れなくなってしまう。

最適化しようとするやつは神の視点に立って無駄を省いているつもりでいるんだろうけれど、現実には多様性を失わせ、全体の組織を弱体化させているに過ぎない。

進化論的に見ても、「満足化」のルールで生きて来た人類が世界で生き残ってきたわけで、「最適化」を推し進めてきて生き残った種族はいません。

堤　地球環境は今に限らず、人類史上も激変してきましたから、「今その時」に最適化しても、環境が変わればその生き方は最適なものではなくなってしまう。当然、負けてしまいますよね。だから多様性を保って、変化に対応できる状況をあらゆるところに作っておくことが、生き延びてゆくために不可欠になる。

藤井 おっしゃる通りです。満足化の方が、最適化よりも適応力が高いことは明白で、長い長い地球の自然の歴史の中で勝負はもうとっくについている。なのに経済学者は、まだ最適化、最適化と言っている。自然の摂理を無視して、物事がすべて「最適化」で動くと勝手に想定し、現実とのずれが起きると無理やり現実の方を最適化の原理に押し込もうとする。その過程で、世の中から多様性がなくなり、単一化、画一化が進むんです。僕は本当に、こういう経済学者連中が許せないですね。

堤 サイモンさんのように「満足化」を提唱した人がノーベル賞を取ったのに、それでも「最適化」論者がしぶとく幅を利かせているのは何故でしょう?

藤井 経済学者ならサイモンの議論も成果も知っているはずなのに、無視するんですよね。「農」の画一化は、まさにサイモンの「満足化」を無視したからこそ起きてきている現象です。

堤 なるほど。サイモン原理そのものが、〈排除すべき障害〉ということですね。

ビッグテックや投資家、グローバル企業群からすれば、時に不確実性を伴う「満足化」は非効率でしょう。試行錯誤の末、効率面でもよりよいものが出てきてしまったら、農業のハウツーと農薬をセットで売る彼らとしては、商売あがったりですから。

藤井　確かにそうですね。結局、そういう「農」の在り方に懸念を覚えられるかどうかが大事で、普通に考えれば不自然なものに、違和感を覚える感性を持っていなければならない。

そもそもハーバート・サイモンは、「生命体や自然はオプティマイゼーション（最適化）をすることが原理的に不可能なのだ」と述べています。「メタンを出すから牛を殺せ」というような最適化はこの自然界には存在しえない異常な発想なのであって、文字通り不自然極まりない。なぜなら、牛の役割はメタンを出すか否かのみでは測れないからで、環境の中で草を食べ、糞をし、自然を循環させる中で、人間に肉や牛乳というたんぱく源を供給してくれたりしている。そういった営み全てに何らかの意味が現実に宿り得るわけです。

堤　インドに行った時、聖なる存在として扱われている牛を見てびっくりしたのを覚えています。あの国では牛はミルクとお肉を提供するだけじゃなく、革製品や骨や尻尾を加工した商品が地域経済を回し、そうした手作業は女性達に職を提供し、糞は土の上に落ちて微生物を育て、最後には燃料になります。

大量生産の工場型畜産を持ち込んだ企業を農村の地元民が訴えた時、裁判官が出したのはこの企業に対する違憲判決でした。憲法に「すべての生き物を尊ぶべし」と書いてあるからです。これは、経済学の教科書には書いていないことですね。

藤井　長い間人類が、感覚的にわかってきたことが、経済学を持ち込むことによって分からなくなってしまう。これは人類として退化していることになってしまう。本能的に「最適化って、なんか気持ち悪い！」と反応する感性がなければ、人間は人間らしいとは言えないんじゃないでしょうか。

農業を中心に循環型社会を実現した江戸時代

堤　その感性、大事ですね。だからＳＤＧｓとこの考え方が組み合わさると、歪んだ方向に暴走してしまうのです。環境問題が大変だなんとかせよとなれば、躊躇なく牛そのもののあり方まで変えてしまう。そこでは土の循環を助ける草食動物としての役割や、貧しい農村の自給を支える資源としての価値は語られません。

これはやはり、自分も、牛も、他の生き物達も、すべて大きな環の一部だ、という謙虚な発想や視点がないからでしょう。人間を絶対的な存在である神の下におき、自然を人間の下に位置付ける「一神教」の影響も大きいと思います、

日本人がそういう発想に「何かおかしいな」「不自然だな」と感じる違和感は当然ですよ。そもそも日本は、江戸時代に素晴らしい循環社会を持っていたのですから。

藤井　現在の環境主義者が泣いて喜ぶような環境が、江戸時代には存在していましたよね。近代化する前のすべての社会は、当然、循環型社会でなければ成り立ちませんでした。ジャングルだとか、さまざまな地域の先住民たちは自然に最小限の働きかけをして、活用し、共生してきたと言えるでしょう。しかし少なくとも産業革命が起きて以降は、西洋は循環型社会の循環性を根底から破壊する戦略を、それこそが近代文明だとか何だとか言って強烈に推進し出したのです。そうなると、西洋以外の国々も、そんな西洋にあわせて循環型社会を放棄した近代文明的侵略を採用せざるを得なくなった。採用しなければ自ずと西洋に敗れ、植民地化され属国化されていったからです。非西洋国家は、文明化するか西洋に侵略され支配されるかの二者択一を迫られる状況に追い込まれたわけです。

日本は江戸時代、つまり19世紀の時点で高度な循環型社会を実現していたわけですが、その中心にあったのはやはり農業です。もちろん米を食べる文化、稲作という手法は東南アジアや中国でも存在していましたが、それが文化にまで昇華し、さらには宗教以上に日本人の価値観や気質に影響を及ぼしたというのは、やはり日本独自と言っていいと思います。

日本は他の稲作文化を持つ地域と比べても、一反当たりの生産性が高いのですが、それは農業技術、農業土木の技術を高める中で、単に稲作をやって食べ物を得るというだけではなく、文化や倫理、道徳、共同体の在り方、そういったものすべてを混然一体としながら進化させていったことの必然的な帰結だったとも言えると思います。そういう高度化をはたしたのが日本の農業文化であり、農業を中心に置いた循環型社会だったのです。

民俗学者の柳田邦男が「常民」と呼んだのが、まさに農業に従事する中で、社会構造や共同体の在り方を発展させ、民俗、風土、風習を作り上げてきた人々です。そしてこの「常民」の五穀豊穣を祈り、国家安泰を司ったのが天皇であり、皇室です。単に物理的、生物学的な意味に限った循環ではなく、ここまでの水準で精神的、民俗的、文化的な循環社会を作ったのは、世界で唯一、日本だけだといっても過言ではないと思います。

堤　生きとし生けるものの命を、最低限、人間が生きるための分量だけいただいて、なるべく自然のサイクルの中で循環させる。そして五穀豊穣を祈る祭祀を司る最高位に位置する方が、物理的権力でなく精神性の象徴であるところが、日本という国の深い特異性ですね。

「メタンを出すから牛は要らない」という「罰当たり」な発想は、やはり人間が神に成り代わったかのような、西洋的で一神教的な考えと言わざるを得ないと思います。

藤井　まさにそうだと思います。本当におぞましい。傲慢極まりない態度です。そもそも西洋人は、植民地支配の過程で、原住民をまさに「家畜」扱いしてきました。過酷な労働に従事させて搾取する、金銀はじめとした金目のものを全てを奪う……。それを第二次大戦の頃まで何の躊躇もなくやってきたのが西洋人です。

一方、我々日本人は、どんな人間でも、あるいは生物であればなんでも多様な価値があると考え、人間や自然に畏怖の念を持ちますよね。まさに日本人の遺伝子に組み込まれた、日本の根本思想です。もちろん、日本人はどの民族よりも優秀だとは決して思いませんが、日本には日本の良さというものがあることを忘れてはならないし、何と言っても西洋の深刻な病理的欠点である際限なき傲慢さというものを我々日本には文化的に存在しない。

堤　八百万の神、万物に神を感じて来た日本的発想との違いは大きいと思います。命の価値を人間が決めるということに、抵抗を覚える日本人は多いでしょう。生態系の一部に過ぎない人間として、とても恥ずかしい、傲慢な思想だからです。

確かに今の工業型の肥育の仕方は環境破壊に繋がりますし、動物に対する敬意がないのも確かでしょう。でもその一方で大きな自然の循環の中で牛を育てていくやり方もあるんです。砂漠化した土地に牛を放牧することで緑化する取り組みも、あちこちで広がっています。

つまり、問題は、「牛を食べるか否か」ではなく、牛を育てる方法論の方なんですね。肉食をやめるかどうかより、自然の循環の中でうまく回っている状態かどうかの方が真の論点でしょう。にもかかわらず、「牛が環境に悪いから、存在ごと地球上から消してしまおう」というのは、何度聞いてもとても奢（おご）った考え方ですよ。

藤井　自然に対する畏敬の念が至って弱く、人智によって克服するものだ、という発想が根底に拭いがたくあるのが原因でしょう。キリスト教、あるいはユダヤ教にしても砂漠で生まれた宗教ですから、森や岩清水などが命を育むという森羅万象への敬意に欠ける。

万象というよりも、多様性がなく、最適化したものだけが生き残る真空のような世界です。

そういう意味でいうと、本来日本人というのは、一つの環境の中に多様な存在がいることを認めると同時に、一つの存在が多様な機能を果たすことも認めていますね。自然に畏敬の念を持ち、「農」を大切にする。「農」そのものが日本文化とも言えます。しかし残念ながら、西洋化、効率化の波にさらされて、先も述べたような、農業を中心に組みあがってきた日本の民族や風習、価値観、つまり「農業と密接につながる日本的精神」が失われつつある。これは、単に食料自給率がどうこうという問題ではなく、日本にとっての本質的な危機です。

食文化を通じた農業保護に熱心なインド

堤　同感です。大量生産と効率化で収量を最大化することを中心に据えた「新農業基本法」の見直し時期が今のタイミングで来たことは、食べ物を生産する手段以上の意味を持つ「農」を、もう一度考え直しなさいという私たち日本人へのウェイクアップコールでしょう。

そもそも、日本人には合わない発想を採用するから、無理が生じるんです。

日本に限らず、いろいろな神様を受け入れている多神教のインドや、世界各地の原住民の思想にある種の心地よさを感じるのも、重なる部分があるからでしょう。ホリスティック（全体的・包括的）な考え方をする地域は、グローバル化、画一化の影響を受けづらい。

もちろん国際社会の潮流の中で、さまざまな部分で「現代化」したところも少なくありませんが、価値観の根底まではやはり変わっていないのです。

先ほど触れた、インドのケースをもう少しくわしくお話ししましょう。

インドで、国が進める輸出用穀物の栽培と牛肉の生産増に、政府が税制の優遇や助成金を出した時のことです。当然経済的に余裕がない農家ほど、他の農産品から、穀物や牛肉に切り替えますよね。これによって、農家が手がける品目の多様性が失われつつあり、さらには畜牛の価格暴落という惨事が引き起こされてしまったのです。

その影響で割を食った農家の一部が裁判に訴えた時の裁判官の言葉が、今の日本にとって非常に重要だと思うので、紹介しましょう。

〈インド市民と動物たちとの関係は、この国の土の上に住む、生きとし生けるものすべてに対し、憐憫の情を持つという、我が国の憲法の基本理念によって作られなければならない。

そこでは動物たちが我々人間たちと調和して、生命の循環の中で生きる権利も保障されているからだ。

その理念に基づくインドは、殺すことを目的に、生きている動物を必要以上に輸出することはできない。インドが世界に輸出できるのは、この憲法の精神、「世界中のあらゆる生き物への憐憫の情」というメッセージだけだろう。

それこそが生態系を保全する狼煙であり、あらゆる文明にとっての「真実の法」に他ならないからだ〉

藤井　インドは食文化を通じた農業保護、食の安全の強化、規制を高めていますよね。インドには強烈な宗教、それもドメスティックな宗教があって、それに裏打ちされるインド文化も強固に残っています。

それに比べると、日本の食文化はもうあらかた破壊し尽くされてしまっているようにさえ思います。どれだけグローバリズムが進んでも、食と言語は文化として残ると思うのですが、言語もカタカナ語の溢れる今となっては解体寸前で、食文化にしても「和食ブーム」なんて言われている時点で、もう終わっているに等しい。「パン食を好む人が増えて、日本人が米を食べなくなった」と言われ始めたのは、もうずいぶん前のことです。

堤　小麦は、日本がアメリカの余剰作物の在庫引受係にさせられた、まさに先駆けの黒歴史ですよね……。

藤井　戦後も日本は専業主婦がいて「家庭の味」「お母さんの味」を各家庭で受け継いできていましたが、現在に至っては「子供にご飯を作ってあげることが、母としての幸せ」なんてことを口にできない状況になってきました。「女に食事の世話を押し付けるな」「対価の生じない家事」なんて言われてしまって、経済性に取り込まれてしまう。愛情表現の機会としての食事、食文化というものは風前の灯火です。

ましてやデフレ圧力で、女性が労働力として駆り出される事態にもなっています。そうなると、「子供や夫が帰ってくるまでに、愛情込めて夕飯を用意する」なんて言う余裕はなくなってしまい、「外注」に頼らざるを得なくなってしまいます。

「外注」には外食も入りますが、僕が本当に嫌いなのは極端に合理化、効率化された部類の「回転ずし」。回転寿司そのものにはもちろん行った事がありますし必ずしも絶対嫌いというわけではないんですが、以前一度、親戚の付き合いか何かで行ったとある回転寿司屋では、あまりにもいろんなものが過度に合理化、効率化されていて心底辟易しました。

それ以来過度にそうした部類の回転寿司屋にはおそろしくてほとんど行けなくなってしまったのですが、先日の例の「くら寿司、醤油さしぺろぺろ事件」を受けて、社会見学、フィールドワークのつもりで行ってみたんです。これが本当にひどかった。ベルトコンベアで寿司が流れてくるのは想定内ですが、注文するにしても人を介さないでタッチパネルで注文する形式。しかも注文したものがどうやってやってくるのかっていうと、特急便みたいなので皿に乗ったすしが運ばれてくる。人手不足か何かしりませんが、これが食事ですか？　ましてや日本文化？　冗談じゃないと思いました。

堤　回転寿司のカウンターで怒っている藤井先生の姿が目に浮かんで笑ってしまいました（笑）。

そうですね、あのタッチパネルは便利だけれど、板前さんと目を合わせずに液晶画面を見て注文するのはなんだか味気ない。私ね、ある時、回転寿司のお店で流れてくるプラスチック皿の上のお寿司をとって食べている時、ふとこう思ったことがあるんです。

あれ？　この場面どこかで見たことあるような……。

そう、アメリカの巨大な鶏舎で、自動給餌器から餌が出てくるのを、並んで食べていた沢山の鶏たちの姿でした！

藤井　確かにそうですね（笑）。「江戸前寿司」なんて銘打っているけれど、実際には日本の近海でとれた魚ではない、いわゆる「代替魚」といわれるものを商社が大量に買い付けてきて、「えんがわ」「トロ」なんて商品名で売っている。実際はヒラメやカレイのえんがわでも、ホンマグロのトロでもないものをそういう名称で売っているということがしばしば指摘されています。もうそうなったら、日本食とも、日本の食文化とも何も関係ないものになってしまう。

堤　藤井先生、次は、筋肉が倍のスピードで成長した「江戸前ゲノム編集ふぐ」かもしれないですよ。表示義務もないし、切り身でシャリの上に乗せられたらまずわかりません。

藤井　こんな「フェイク和食」を食べて喜んでいるようでは、日本人が日本人としての意識をなくすのも無理はありません。農業や水産業を軽視するのも当然でしょう。

農業を守らない、食文化を守らないという、本当に大事なことから全く逆走している日本から見ると、インドがこの飽食の時代にあって、いまだに5億人が菜食主義的な食文化を継承し、実践し続けていることの重要性、貴重さが痛いほどよくわかります。

堤　さすがというべきか、インド社会は動物愛護の精神だけでなく、無数の小農が作る共同体である農村が、ローカルで完結して生態系を守る小さな「循環」を維持することで生き延びてきたんです。

去年来日したインドの哲学者で活動家のヴァンダナ・シヴァ博士と対談した時も、「小農・家族農業・農村の食料主権が基本だ」と、繰り返し主張されていました。

藤井　宗教的価値観を含む、ある種のローカリズムが、「西洋化」「効率化」の防波堤になっているというわけですね。

食や農においては、東洋に回帰すべき

藤井　ところで、中国はどうなんですか。テクノロジーを駆使した中華未来主義的な発想が急速に進んでいますし、そもそも共産主義自体が設計主義的だから、中国の農業も悪い意味で「現代化」「工業製品化」しているのではと思うのですが。

堤　いいえ、実は意外でしょうが、中国は今有機農業にとても力を入れているんです。以前、北京出身のある大学の先生に取材した際に、「どうして中国が有機農業なんです

よ。

か。イメージとしては全く逆なんですが」と聞いたら、面白い返事が返ってきたんです

「人民を不幸にすると、危ないじゃないか」と（党が、ということです）。

藤井　おかしなものを食べさせたりしたら、人民の反乱につながる、と。

堤　はい。何せ10億人ですから。人民の満足を維持するための有機農業、しかも農薬や化学肥料で土壌微生物が劣化したり、アレルギーや抗生物質耐性が増えたり、地下水を汲み上げすぎて農地が使えなくなったりしてゆく中で、消費者の需要も逆転しています。

そして何よりも、今や世界的に有機農産物の市場は急速に拡大していますから。中国人はとても合理的で商売の嗅覚がありますから、トップダウンの一党体制を活かしてさっさと有機耕作地を増やさせ、この20年で有機農場を32％拡大したんです。

今ではアジアでのシェアは1位、世界4位にのしあがりましたよ。

中国の場合、まだまだ課題は多くて、有機認証の信頼性など疑問符はつきますけど、日本はもたもたしていると、近い将来、有機食品の大半が中国からの輸入、ラベル表示は「国内製造」という食品がスーパーの棚を占めるという日が近いかもしれません。

藤井　尖閣や台湾問題、共産主義や監視社会化などから考えると、中国と付き合うのは

しんどいという結論しか出てこないのですが、「農」というキーワードからであれば、日本人としては西洋よりも共感しやすい面はありそうですね。

堤　はい、そう思います。牛の存在をどう考えるかと同じで、「メタンガス発生源」という一面しか見なければ「殺せ、減らせ」という話にしかなりませんが、自然を循環させるうえで果たせる役割があると思えば、別の可能性が見えてきます。

仰るように、中国に対しても「人権意識では相容れないけれど、アジアの農耕民族としては重なるところがある」という考え方はあり得るでしょう。

藤井　多角的に見れば、どこに視点を置くかで世界はいくらでも可能性を拡げますから。

あるいは保田與重郎のような、アジア主義の流れからもう一度、中国を捉え直せば、西洋のメタバース的な世界観に対するアンチテーゼとして、中国の人たちと協和できる部分はあるかもしれません。現在の中国は共産主義によって宗教を否定していますが、中国文化の根底には仏教、儒教、道教的な価値観〝も〟あり、完全に消滅したわけではありません。

道教では、全宇宙の道（タオ）の流れというものを想定しますが、その循環のサークルの中に「働きかける」、人間も生態系の中の小さい存在として生きていくための技術が

「農」だという捉え方は消えていないのではないか。西洋のゴリ押し的効率主義と対峙するうえでは、中国をはじめとするアジア、特に東アジアとの共闘というのは、ありかもしれませんね。

堤　ええ。東アジアで言えば、韓国は、在来種の種を保存する活動を始めた、伝統農業研究者の安元植さんという方がいらっしゃいます。

政府が大量生産と画一化をうたった農業政策のせいで、自国の在来種子や従来の農業法が壊滅的打撃を受けたんですね。外国産種子が土壌を干上がらせて、異常気象に対応できず消えていくことに危機感を覚えた安さんは、その土地で育つのに向いているからこそ定着した在来種の種を保存し始めたのです。

韓国では各地で、有機農産物の給食への導入も進んでいるんですよ。

一方、日本では、２０１８年に種子法が廃止され、２０２２年に種苗法が改正されました。種子法の廃止は「民間企業の参入を促すため」だと説明され、種苗法の改正は「農業従事者、優良な品種を持続的に利用してもらうため」という名目になっています。

種苗法改正については「自家増殖（自家採種を含む）が制限されるのは登録品種だけで、在来種については制限がない」とされていますが、タネ農家さんはやはり大変で、税金を入れない限り事業として回っていかないのが現状です。

日本の食料安全保障の議論や、今回改正された農業基本法の中に、とても重要なのに抜け落ちている言葉、それがまさにこの〈タネの自給〉なんです。

タネがなければ食メジャーに依存する道からは永遠に抜けられません。

そして今、遺伝子組み換え種子と除草剤のセット売りで空前のボロ儲けをした結果、環境や健康被害について散々裁判で訴えられているドイツのバイエル社（旧モンサント社）は、次はゲノム編集の種子で世界の市場を独占しようと狙っているのです。

藤井　結局は種子法も、種苗法も、食メジャーの意向に沿っている、と言わざるを得ないのではないでしょうか。

堤　はい、食メジャーの意向そのものですね。

だからこそ、多様性と自然との共存を維持してきた農業の知恵と、地域ごとのシードバンクなんかでしっかりと保護してきた在来種の種子をうまく活用してゆくことが、日本の食料安全保障の一丁目一番地なのです。

藤井　日本は特に食や農においては、西洋を見るのではなく、東洋に回帰すべきですね。

第3章 農業は日本の精神である

複数の農村共同体を統治する存在としての天皇

堤　日本人にとって、水田は精神的にも文化的にも、原風景と言えますよね。日本で行われるお祭りの多くは「五穀豊穣」を願うものですし、そもそも皇室自体が農業、特に稲作と密接な関係があります。

藤井　まさにそうですね。皇室行事で最も重要なのが「新嘗祭」で、現在も毎年11月23日に国と国民の安寧や五穀豊穣を祈って行われる宮中祭祀で、天皇陛下はこの行事で、その年取れた新米を初めて口にされる。

その起源は、稲作が始まった弥生時代にまで遡るとも言われていて、『日本書紀』の神代や仁徳天皇の時代にも「新嘗」という言葉が出てくる、とか。秋祭りも基本的には収穫祭であって、農業、稲作に対する感謝の気持ちが、我々日本人にはそれこそ遺伝子レベルで組み込まれています。

堤　理屈でなく、自然に湧き上がってくるのは、遺伝子に刻まれているからですね。

藤井　もちろん、天照大御神は太陽神で、太陽信仰というものは日本だけでなく世界中に見られる一般的な、文化人類学的現象です。しかも農耕社会においては、この太陽信仰は非常に色濃くなります。しかしこうした神話の世界、信仰の世界から天皇という存在、皇室というものを作り出し、いまに至るまで現存しているという社会は、日本をおいてほかにありません。

日本建国の神話に立ちかえれば、神話の世界では高天原という「瑞穂の国」の原型があり、太陽であるところの天照大御神がお隠れになったら、稲作がすべて止まってしまうという物語がありました。そしてその神様が高千穂に降りてきて、日本の国土を作った。「まず太陽ありき」なんですよね。

堤　それが「お天道様に顔向けできない」という倫理観、大いなる存在への信仰心を生み出したわけですね。

藤井　そうです。民族性、習俗、さらには社会構造まで作り出しました。農耕社会においては、他者との協力が必要不可欠です。みんなで力を合わせなければ、米がとれないし、田んぼも作れない。そのため、まずは家族という共同体の最小単位があり、その家族がいくつも集まって農村共同体ができ、その農村共同体がさらに複数集まることで社会が出来た。天皇・皇室は、この複数の農村共同体を統治する存在として、今日まであり続けてきたのです。
僕は20代、30代の頃に磯釣りで伊勢志摩の志摩半島の英虞湾の先の御座白浜に通っていたのですが、あのあたりもものすごく豊かな土地で、倭姫命(ヤマトヒメノミコト)が全国を行脚しながら、「海の幸も山の幸も多い」という理由で皇室ゆかりの伊勢神宮を作った、という伝説が残っていますよね。だから今も伊勢周辺には、日本の農業の根幹、あるいは瑞穂の国と言われる日本の根幹が残っている。

堤　40年もの間、太陽神と共に旅をした倭姫命が、最後に天照大神が鎮座する場所として選んだ土地が伊勢というのは実に象徴的です。日本人の精神性の礎には、やはり「豊かな農」があった。これはとても意味のあることですね。

藤井　はい。社会の基礎でもあるからこそ、重要なのです。これは数学で言うところのフラクタル構造なのですが、フラクタル構造というのは、例えば個と集団という関係性が、どの階層においても続いている構造を指します。個が集まって家族になり、家が集まって農村になり、農村が集まって地域になり、地域が集まって国になる。
この構造の「長」が天皇であり、皇室です。農業生産性を高めるうえで、共同体は分業と協力体制を築いていくうえで、極めて効率的な形でした。しかし集団、つまり国家全体を統べるには、どの階層においても「長」が必要です。家なら家長、村なら村長。そして「長」は単なる政治的リーダーではなく、全体の利益や幸福を考えると同時に、倫理観や道徳の象徴でもあった。その時に、農村共同体の集まりだった日本において、五穀豊穣を祈る太陽神の末裔とされる天皇という存在が受け容れられ、続いてきた土壌があったんですね。

「食べたものが私になる」

藤井　しかも農業を営む上では、協力（コーポレーション）が何よりも重要で、裏切り者が出て収穫を収奪するものがいたり、誰かが突出して得すれば誰かが損するという状況にもありました。逆に言えば台風や大雨など、収穫を減少させる災害に対しても、農村共同体としてともに協力して対処しなければ、個々人や個々の家族だけではどうにもならない、生きていけないという状況もあったのです。

堤　台風や大雨が毎年来る国で、個人が勝手な動きをしていたら自分も共同体も生きてゆけないですものね。自然災害大国という宿命が協力関係を必須条件にして、それが地域の伝統となって受け継がれていったと考えると、とても腑に落ちます。

藤井　「協力なくして、農村共同体の存続はない」という状況が日本人の価値観のコアにあるからこそ、聖徳太子が十七条憲法で「和を以て貴しとなす」と説き、今現在も日本人の精神性に影響を与えているわけです。我々の文化どころか、意識の根本には「農」があるんですよ。

堤　なるほど。アメリカでいろいろな国の友人と共同生活をしていた時、日本人の「協調性」の高さを実感させられる場面がとても多かったんですが、あれは「農」を通した体感によって育まれてきたものだったんですね。

全国的にも、農業のさかんな地域ほど自治会の活動や地域のお祭りや冠婚葬祭への参加率が高いという統計があるんですが、あれもまた、私たちの美徳の一つである協調性、和を貴ぶ精神を、「農」が促進してきた表れですね。

藤井　にもかかわらず、日本人の精神性の礎にある農業がマネタイズ（貨幣化・金銭化）されて、他者に主体性を奪われてしまったら、もはや日本人は日本人ではなくなってしまいます。

堤　そう考えると、農水省を経産省の一部に、なんていう発想が、いかに目先のものしか見ていない、浅くて短絡的なものかがよくわかりますね。日本人の在り方そのものにまで、手を突っ込もうとしているのですから。

藤井　ましてや、食、というのは毎日、自分の体に入るものですからね。

堤　「食べたものが私になる（We are what we eat.）」という言葉を、私の母が生前よく口にしていました。食べたいものが食べられないことが一番辛そうでした。私たち人間は、食べたものでできていて、死ぬ最後の瞬間も、食べるものは自分で選びたいんですよ。

北欧では、自分で食べられなくなったら、もう延命はしません。それは「食べる」ことが、人間の主体性の、最後の砦だからでしょう。

おっしゃるように、農業をマネタイズし過ぎることが、日本人であることを脅かすという危機感はとても重要です。

食メジャーによる寡占化は世界のあちこちで、生産者の作る権利だけでなく、消費者の選ぶ権利も奪い、目に見えない文化まで消滅させているからです。

藤井　そういう意味では、食料安全保障というのは量の問題であると同時に質の問題であり、そして主体性、主権を守るということでもあるんですね。

堤　ええ、そう思います。キッシンジャー元米国務長官の、「食は他国を支配できる」というあの言葉を、私たちは単なる貿易の話でなく、もっと深い、民族としての危機として捉えなければなりません。

「農業は守られすぎている」は全くのウソ

藤井　にもかかわらず、日本の食料自給率が先進国で最下位を爆走し、さらにアメリカのグローバル資本主義が作り出した遺伝子組み換えの欧米では文字通りゴミ扱いされて捨てられてしまっているような食品や、現地でとっくにアウトになった海外ブランドの農薬を買わされる現状。「農耕民族」である日本人ともあろうものが、どうしてこんなことになってしまったのでしょうか。

堤　政治史を見るとアメリカとの力関係が最大の要因ですが、国内農業の位置づけも、それに伴ってすっかり低下してしまいました。

本当に、農耕民族という視点から改めて現状を見ると愕然としますよね。

江戸時代には「士農工商」階級の上から2番目だったのに。

苦労はあったけれど、社会でそれなりの力を持つ存在だったのに、今やほとんど政府にネグレクトされるように、農業の価値ごと、社会の脇に追いやられてしまっています。

藤井　むしろ「農業は守られすぎている」「過保護だ」と言われがちですが、実際には全くのウソ。国の補助金は最盛期の半分から３分の１くらいまで減り、Ｇ７の中でも最低です。しかも関税も日本は圧倒的に低くて、多くの外国の農家の方がはるかに高い関税に守られている。一体全体、どうしてこんなことになっちゃったんでしょうか。

堤　筆頭はやはり日米関係ですよね。食と農の衰退の歴史を振り返ると、先だって逝去された中曽根康弘元総理は、控えめに言っても戦犯の一人でしょう。中曽根政権が国会も通さず、私的諮問機関である「国際協調のための経済構造調整研究会」にまとめさせて１９８６年に発表した「前川レポート」は、日本が農産物輸入大国化を宣言し、アメリカの食料戦略を支える体制の皮きりでした。

でも日本だけではありません。本家本元のアメリカでも、自国の食料を賄っていた「農」が、「戦略物資」を製造するための産業と政府に位置づけられたのは、ニクソン政権が最初でした。顧問は新自由主義の父ミルトン・フリードマン、外交はキッシンジャーと言えばもうおわかりでしょう。

その結果、アグリビジネスによる「農」の工業化が拡大し、さらにその後レーガン政権で、米国内農業を守っていた規制が雪崩の如く崩されていったのです。

他国を米国産の小麦に依存させ、生殺与奪権を握る。ターゲットは日本も入れた全世界。この流れの中で日本の歴代政府は市場をこじ開けられ、小麦、大豆、お米という、主要穀物を、アメリカに依存させられるようになってしまいました。

藤井　味噌、醤油、豆腐など日本食の基礎になっているはずの大豆も、今や9割が輸入。さらにそのうちの7割がアメリカからの輸入です。情けないことに、和食もアメリカの大豆がなければ成り立たなくなってしまいました。

堤　しかも日本に入ってくる輸入大豆の8割は遺伝子組み換えですからね。それが、私たちの食卓に当たり前のように上がっているんです。

アメリカが農業不況になったタイミングに合わせるかのように、中曽根総理が「日本は主食の米や麦、牛肉や酪農も、アメリカに任せておけばいい」と言った趣旨の提言を出したでしょう。あの押し売り路線が延々と続いていますよね。『農業白書』で２０２１年のアメリカからの農産物輸入額が１兆６４１１億円という数字を見た時、唖然としました。

藤井　その分、日本の農家に回っていればと思わずにはいられません。

堤　本当ですよね。ただ、アメリカの一般農家がものすごくいい思いをしているかというと、必ずしもそうではないんですね。

１９５０年代のアメリカでは「食べ物を作っている人が一番偉い」という教育が一般的でしたが、それも今は昔。先ほどお話ししたように、こちらもマネタイズによる工業化と寡占化によって、本来の「農」は犠牲になっているからです。

藤井　アメリカは関税は低いですが、その分、自国の農業にはかなりの補助金を入れていますよね。まさに「じゃぶじゃぶ」というレベルで。だから輸出しても価格競争で勝てる。

堤　確かに税金はじゃぶじゃぶです。特に輸出穀物は生産コストが売値の2倍、赤字でも補助金漬けなので全く問題なし。戦える農産品の地位を保つために、農家にはかなりの補助金を政府が拠出しているので、普通に作ったら赤字にしかならない額で売れるんです。

以前、小泉進次郎議員が「日本の農家にもアメリカのような競争力が必要だ」と仰っていましたがあれは間違いで、現実には競争など存在していません。販売価格が大赤字でも補助金が補填されるから、競争になり得ないんです。

一方、それでアメリカの農家がみんな儲かっているかと言うと、これも違う。これがよく誤解されているんですが、国から出ている補助金の大半は、戦略穀物を作る少数の大規模農業法人に入っているんです。全米の農家の半分くらいは、年収1万ドル（144万円）以下。マネタイズは大規模化、農業法人化と寡占化を進めますから、淘汰されてその下で雇われになる零細農家たちは、まさに「農作物を作っているのに、自分たちは食べられない」というケースに陥ってゆくんです。

今年になってやっと、アメリカの農務長官が、これはまずいという発言をしましたが、トランプさんは大規模農業法人優遇でしたから、今秋に再選されたら、現状維持の可能性が高くなるでしょうね。

生産者と消費者の距離が遠くなった

藤井　翻って日本を見てみても、やはり現状は芳しくない。日本の農家は、低い関税、低い補助金で、高い関税・高い補助金に守られている外国の農業と戦わざるを得なくなっています。

以前の日本は、農業に対して「高い関税・そこそこの補助金」というスタンスを取っていました。さらには農業協同組合という、お互い、協力して助け合うという組織をそれぞれの地域に設け、いわば「農業自治」を守ることで、さして高くもないそこそこの補助金でも農家がうまくやっていけるようにしていました。

次章でも触れますが、米価の価格も統制し、単なるマーケットプライスで決めるのではなく、別の価格メカニズム、つまり総括原価方式と呼ばれるような仕組みを取り入れてきました。これは、農家が米を作るのにどれくらいの設備投資をしているか、さらに農家の維持のため、将来の投資のためには、いくらで米を売るべきかという生産者側の必要の論理に基づいて価格を決めるシステムでした。

しかしそれが、自由貿易が展開され始めると、状況が変わってきました。保護主義は悪しきものとされ、外国から入ってくるモノに対する関税は下げられ、補助金も上がらないという状況になってきた。「自由に競争することで、消費者は安いもの、好きなものを世界の市場から選びたい放題、選べる」「日本の農家は、日本の消費者に選ばれたければ相応の努力をしろ」というわけです。そして農協も「守旧派」「既得権益側」と見なされ、解体を叫ぶ声ばかり聞こえてくるようになりました。

堤　自由貿易を進める上で一番の障害の一つが、協同組合ですからね。時系列で見ると、一気に農協叩きがエスカレートした時期と、ＴＰＰのような規制フリーの大規模自由貿易構想が出てきた時とが、ピッタリ重なっていたことを思い出します。

藤井　アメリカが戦後、一貫して「隙あらば日本人の胃袋に、アメリカ産の農産物、畜産物を押し込んで、金儲けしよう」と考えてきました。戦後の日本に小麦を買わせ始めたところから始まって、オレンジの自由化、牛肉自由化と進んできた。しかしその頃はまだ、個別の産品に対しての自由化でしたが、ＴＰＰ、ＥＰＡなどに至っては、個別の産品ではない。「あれもこれも丸っと、関税なし（あるいは低い関税で）日本の国内市場に流し込んでくれ」と、これですから。この流れは小泉構造改革以降、一気に加速しています。

しかも、ＴＰＰやＥＰＡなどの自由貿易の枠組みの中で、不利を承知で政府に手厚く守られている諸外国の農家と喧嘩させられている。これはもはや、国が国内の農家を羽交い絞めにして、外国の農家に殴らせているようなもの。しかも日本はふんどし一丁、外国はパワースーツを着ている。ほとんど残酷物語で、土台、勝てるわけがない戦いです。日本の歴史、風土、文化の根幹に位置する最も重要な農業が、国際競争の中で弱体化され、今まさに消滅させられそうになっているというのが現状なんですよ。

堤　ＴＰＰに関してはそれこそ、こうやって「農」の危機に警鐘を鳴らす意見がこぞって陰謀論扱いされましたよね。マスコミが束になって反対意見を脇に追いやる空気を作り上げて、政界でも反対派の議員は「ＴＰＰお化け」なんて呼ばれていたでしょう。でもあれはＴＰＰ自体というよりも、グローバル規模で農をマネタイズする力だったことが、時間が経つにつれ証明されてきましたね。国家戦略特区しかり、農地法改正や、今回の農業基本法改正しかり……。

藤井　こんな罰当たりなことをしていたら、しっぺ返しが来ますよ。いや、「日本の衰退」という形で、既にしっぺ返しを受けているのでしょう。

国が自国の「農」の価値を蔑ろにして、農民を見捨てているんですから。

堤　受けていますね。しかもそのしっぺ返しは、農以外の部分にも及んでいます。さっきから話に出ているように、「農」という営みが、単に作物を作るというだけのものではないからです。

売る人、買う人、作る人、食べる人……それぞれの役割が折り重なって、社会というものができている。実際、日本国内の様々な共同体を歴史も含めて眺めてみると、「うまくいっている共同体」は、江戸時代の農村のように、それぞれの構成員が様々な役割を果たしているんですよ。

藤井　なるほど、前近代的な社会、共同体のあり方というのはそういうものですよね。先ほど述べたフラクタル構造とも通じる話ですが、助け合って、その時足りない役割を常に誰かが担っていて、その役割というのは流動的です。

堤　しかし今はどうでしょうか。

振り返ると、私たち自身も消費者として鈍かったなと思うのは、農業基本法で農村が解体されて、都市部の発展を進めろという方向に社会や政治が動き出した時に、失われたものに気づかなかったことです。

一体何が失われたのか？

それは「自分が食べているものがどうやって作られているのか」という視点です。

そこが見えなくなってしまったことで、生産者と消費者が完全に切り離されてしまった。

稲作にしても、牛の解体作業でも、海で魚を取るのもそうですが、食べ物が私たちの口に入るまでの過程は、知識としてはもちろん、実地での体験や学習で知っておくことが、「農」の多面的価値を通して国や民族のアイデンティティを守ってゆくためには不可欠だと思います。

「鮭の絵を描いてごらん」というと、切り身の絵を描く子供が増えているという、ざわっとする話があるじゃないですか。

藤井　ありますね。

堤　これがショッキングな話として出てくること自体、生産者と消費者の距離が遠くなったという感覚を、多くの日本人が何となく感じている表れなんですよね。

分業が過度に進み、社会に分断を生む怖さ

藤井　「食べ物をどうやって得ているか」は、近代になるまでは多くの人が自然に目にする機会が、日常生活の中にありました。田んぼや畑で取れた米や野菜を食べ、裏庭で絞めた鶏を食べる……。現代でも、そういう家庭の方針で暮らしている人が時折紹介されますが、「珍しいケース」でしかありません。

僕らが子供の頃は、まだ地域によってはそういう景色がいまよりはずっと身近でした。「うわ、鶏をあんな風にシメるなんて。血が出てるぞ、食べるなんて残酷だな」と感じた

ものです。でも食べるとおいしい、という、その体験ですよね。

堤　ええ、まさにそういう体験です！

よく「次世代の農業従事者を育てなければ」、という話を聞きますが、その根底にある「農の価値」から教えるという意識が、かつてないほどに重要になっています。

それは数値や技術のように目に見えるデータではないからこそ、理屈で教えるのではなく、日常の中の体験から身体で感じてゆくことで入ってゆくものですね。

日本の農学にこの部分が欠けているのは、近代化する前にはそれがあまりにも当たり前の、日常の一部だったからでしょう。食べ物だけじゃなく、おいしい水も、綺麗な空気も、ずっとタダ乗りしてきたからこそその価値を忘れているんです。だからこそ今、もう一度それを、農業の学問に入れる必要があると思います。

皆が一つのチームになって、いろいろな役割を担うことが全体をうまく機能させるという先ほどの話でいうと、分業効率化を高める工業との大きな違いを子供のうちに体感させることは、ますます大事になりますね。

農業を通じてこうした体験ができる共同体を、全国各地に持っておくことは、今後日本にとっての生命線になるでしょう。

このまま永久に生産者と消費者という形で切り離されたままでいると、生産者側の苦労も、実態も分からなくなってしまう。「生産」に無関心になると、皆がバラバラになって、社会がより脆弱になりますから、大地から切り離された「フードテック」系の人工食品や農業メジャーに、のみ込まれてしまいます。

藤井　分業が過度に進むと、社会に分断を生みますから、そこに分け入ってくる。彼らは抜け目ないですから。単純に言えば「隣の人が何をしている、どういう人なのかわからない」という状況になると、何かを頼ろうという時に、隣人や近所の人ではなく、企業が提供する「サービス」に頼るようになる。そうすると、サービスを提供している企業が儲かる。そういうことですよね。

近代では、例えば消費者と生産者という言葉が暗示するように、消費者や生産者がそれぞれが別々に存在しているようなイメージで物を語ってしまいがちです。しかし通常の生活の中で考えれば、消費者と言っても別の観点で言えば生産者だったりする。あるいは家族の中でも誰かの兄であったり、父であったり、弟であったりするし、道徳の教育者が武道の先生でもあったりと、複数の役割を兼ね備えているもので、「国語の先生は国語しか教えない」という話ではない。

僕も大学では学生に自分の専門領域を教えると同時に、学生としてのあり方、学者としてのあり方はもちろんのこと、それら全てを通して人としての生き方を教えることを一番大切にしています。もっとも、大学における教師と学生の関係も希薄になり、そういう機能が大学から失われつつありますが。


堤　分業で細分化されるほどに効率化されて、隙間がなくなることで大事なものが失われる分野は少なくないですよね。

大学もその一つだと思います。大学は本来、社会に出て忙しくなる前に、経済性と関係ないところでゆっくりと学び、考え、自分自身とは誰なのか、何のために生きるのか、を自由に深く考えられる最後の聖域のはず。藤井先生の教え子たちも、それがどれだけ価値のあることかを、後になって知ることになるでしょう?

アメリカでも、〈大学がマネタイズ〉されるようになってから、公益のための研究成果は企業にお金で買われるようになり、運営が経営重視に変わり、教授が大学財政を改善させる営業マンの役まで押しつけられるようになってから、その社会的価値が失われていったんです。

農業は分業化しすぎてはいけない領域

藤井　かつての社会は「一人の人間が様々な役割を負うゲマインシャフト、つまり自然発生した有機的な共同社会であり、多様性のある共同体」だったのですが、今はそうはなっていない。ゲゼルシャフト、つまり特定の目的や利害を達成するために人が作り出した、会社や組合などが社会の核になってしまっている。

国家に関しても、日本という国はゲマインシャフト的に「その島に住んでいた人たちが徐々に国を作り上げていった」という歴史ですが、アメリカなどは完全にゲゼルシャフトで、「自分たちの理想の国を作ろう！」と言って、身体性や歴史や伝統や風土の全てを度外視して、その時代の人々が頭の中でイメージし思いつきのようなモデルに基づいて人為的に作り上げられた国です。

国家の成り立ちが違うんだから、その後の社会のあり方も違っていい。しかし日本は近代以降、西洋化を目指して、もっと言えば戦後はアメリカ化の一途をたどってきました。

そのひずみが、人々のあり方にも出ていて、近代西洋的なゲゼルシャフトが人々に要請する「分業」が進められてきてしまった。そのため、家庭内はともかく、社会に出たら「サラリーマンはサラリーマンとしてのみ存在し、別の側面はありません」という割り切りが強くなっています。

「兼業農家」は今もありますが、農水省の基準によれば「世帯の中に一人でも農業従事者がいる家庭」を指すそうで、それはおじいちゃんの世代は農家、孫の世代はサラリーマンという形であって、「会社に勤めながら農業も手掛けている」というものではありません。最適化のために分業しすぎたことによる近代の宿痾のひずみが、農業に最も表れているように思います。

堤 その通りです。民営化と一緒で、社会の中には分業化しすぎてはいけない領域というのがいくつもあって、「農業」はその最たるものの一つですね。

日本人が食事の前に、すっと手を合わせて「いただきます」というのは、「動物や植物の命をいただく」という意味でもあり、それを食卓に届けるまでにかかわった人たちへの感謝でもありますよね。特に前者の意味は大きい。いただいた他の命が自分の体を通して、また別の命を育てるという、循環の思想がそこにはちゃんとあるんです。

それは、「商品があって、マーケットではこちらの方が利益率が高い」という物差しとは全く相容れないものです。命の循環の中に環境があり、農村があり、共同体があり、その中に自分の場所がある。

金子みすゞの「蜂と神様」という詩にあるような、この普遍的な法則が、日本人の中には刻み込まれていると思うのです。

「環境問題」や「ＳＤＧｓ」が利権のために利用されるのも、牛が変なマスクを無理やりつけられたり、遺伝子操作で作り替えられてしまうのも、元を辿ればこの意識が抜け落ちているからでしょう。

藤井　我々は消費者としてだけ、存在しているわけではない。牛だってそうですよ。第2章で見たように、西洋では牛は「肉」としての価値しか見ておらず、環境に悪いとなれば「メタンガス排出体」としか見ない。しかし実際には、人間に肉や牛乳を提供しつつ、草を食んで糞をし、土を踏み固めて土壌を豊かにしてくれる存在でもある。

つまり多様性というのは二つあって、一つはその環境の中に多様なものがいるということですが、もう一つの意味は環境の中に存在している個々の要素が、実は多様な役割を担っているということにもかかわらず、近代という時代は、最適化の思想の下、まるで環境や我々に対して虐待するようにそうした二つの多様性の双方に対して圧殺、滅殺するように振る舞い続ける。

だから多様性の塊のような農は、やはり近代に対する最大のアンチテーゼと言っていい。過剰な分業や最適化という近代の宿痾に対抗するために、農は最も有効な手段でもある。何より、農業というものに生産プロセスから触れることで、人間としての豊饒な認識というものが形成される。それは我々の個人や社会のレジリエンスにつながるはずです。

農業と治水の機能を併せ持つ「田んぼダム」

堤　レジリエンスといえば、自然災害が多い日本の場合、「農」が持つ防災機能という価値は外せませんね。特に今、世界的に異常気象が加速している中で、かつてないほどに重要になってきていることの一つでしょう。

例えば、大雨が降った時に、大量の雨水を水田に一時的に貯留することで、農耕地や住宅地がある下流に流れすぎるのを止めて洪水被害を防ぐ「田んぼダム」は、わかりやすい例の一つですよね。

２０１２年の豪雨で大きな被害を受けた福岡県朝倉市では、２０１４年から田んぼダムに取り組み、素晴らしい成果を上げています。雨が降ると田んぼ全体で、約1万４０００立方メートルの雨水を一時的に貯留できるので、豪雨は年々増えているのに、２０２１年時点まで田んぼダムのある地域とその下流域では、洪水が発生していないんですね。

豪雨が多い8月から9月は稲も育っているから収穫に影響はないし、むしろ水が豊かになることで、お米の品質が上がったり、田んぼに集まる生き物たちが増えて、昔ながらの生態系も復活するという一石三鳥。

しかも、ちょっとした器具を取り付けるだけで簡単にできますから、農業と治水の両方できる。

農水省もこの田んぼダムを推進しているんですね？

藤井　農林水産省が「田んぼダムの手引き」を公開しています。これまでにない大雨が降り、洪水や浸水が発生する事態が増えていることを踏まえ、対処するために今ある水田を使おう、と。少し工夫を加えるだけで、水田が防災に役立つという発想ですね。

そもそも水田というのは、かなりの量の水を蓄えられる機能があります。平地の水田なら平地の、山間地の棚田ならば山間部において貯水池の役割を果たす。深くはないけれど面積が広いので、大雨が降った場合の貯水機能としては無視できない役割がありました。

ところが水田が減少し、住宅地やアスファルトで覆われた道路になると、水田が蓄えていたはずの雨水が一気に川や地下に流れ込みます。すると、わずかな大雨でもかつてはあり得なかった洪水や氾濫が起きるようになる。

これも考えてみれば当たり前のことで、まさに近代の弊害の一つです。林業の方に同じような話があって、昔は山に手を入れてきちんと整備していたので、木も根付き、保水機能もあれば土砂災害も起きにくくなっていた。ですが林業が衰退し、手入れがほとんどできなくなってしまい、木の根が貧弱化してしまうと同時に、地表の草木が減少し、保水性を失い、土砂が流出しやすくなってしまった。だから川に流れ込む水量も増えて下流の洪水リスクが高まると同時に、土砂災害も頻発するようになったのです。

堤　農業や林業を蔑ろにした結果、災害時に国を守れなくなってしまったんですね。何という本末転倒な……。

藤井　第一次産業というのは、実は単なる産業ではなく、国土保全の役割を果たしているのです。日本は7割が山、3割が平地という構造になっていますが、農業や林業というものによって人間が自然を残しながら改良を加えることで、保たれてきた機能があった。まさに水田もそうであって、これこそ農の本質的機能だと言えるのだと思います。

土木というのは元々、「築土構木」という言葉に由来がありますが、その意味は「この国土に人為で働きかけて、富や恵みをいただきながら、国土と共に共生していく」というものです。だから、土と木という、自然にあるものを人為で整えたり、その環境を整えることで恵みをいただきながら暮らしていく、というのが土木という人類の鋭意だと認識していますし、僕の大学の講義でもまずそのことを最初に教えています。

堤　ここはまさに藤井先生のご専門の領域ですね。土木、という言葉の根底にも、やはり自然と共生してきた日本人の価値観があるというお話、「恵み」という言葉の深い意味を、改めて考えさせられます。

コウノトリを復活させ、幸せになった豊岡の人々

藤井　「農」という言葉も、この「土木」という言葉が持っている意味とほぼ同じものを持っていると思います。もちろん、農と土木では「食」という概念が中心にあるかどうかという違いがありますが、むしろ相違はその一点であって、同じ線上にある。だから人と自然環境、国土との関わり全般は土木と言えるわけですが、そこに「食」という概念が

あれば「農」という営為になり、そうでなければ「土木」という営為となる。自然に働きかけて恵みをいただく、という点では共通しているんですよ。

堤　田んぼを「食」で考えれば農業になり、「防災」で考えれば「治水」のためのダム、つまり「土木」になる……同じ線上にあるのですね。

藤井　しかも極めて「日本的」発想で、気候変動そのものをどうにかしようというのではなく、それに対応してできることを考えている。自然を克服しようという西洋的な発想ではなく、自然の変化をどう受け止めるか、という日本的発想ともいえるように思います。

そして水田や畑に虫が育ち、それを目当てに鳥が飛んでくる。兵庫県豊岡市では、水田を復活させ、一度は日本から姿を消したコウノトリが再び育成できる環境を作るという「環境リバイバル」の取り組みが行われています。こうした取り組みが、日本各地で行われるようになっていけばと強く思います。

堤　その豊岡市に、コウノトリを見に行った時、不思議な体験をしました。

農協の組合長さんたちや、コウノトリ資料館の人たちや、現地の色々な人たちと話しているうちに、ここは今の日本かしら？　と思うような、何やらタイムスリップしたかのような、そんな不思議な感覚に、一瞬なったんですよ。

単に水田の近くにコウノトリの姿が見える、というのでなく、コウノトリがありのままの姿で生きられる環境の中に、沢山の生き物が住んでいてそこに人間もいる、という感じなんです。

コウノトリは虫だけじゃなく蛇やウナギやザリガニや、もうありとあらゆるものを餌として丸呑みするので、田んぼはうじゃうじゃ色んな生き物が住んでいるパラダイスみたいになっている。

人間が自然を支配した結果、絶滅してしまったコウノトリを、もう一度呼び戻すことに地域全体が尽力したことで、人間も含めた全ての生き物が生きられる環境が復活したのです。

みなさん、会う人会う人とても謙虚で、コウノトリの話題になると、顔が綻び誇らしい表情になるんですが、〈そういう環境を作ってやった〉という感じではなく、自分たちも「恵み」を受けているという、穏やかで幸せそうな感じで話すんですね。

循環の中にいると、人間も本来の場所に戻れ、満たされていくんだ、と思いました。

あれは、本当に素敵な体験でした。

藤井　農業というものが、単に農作物を効率的に作る生産の場所、というだけではなく、農村文化を育み、虫や鳥を育み、洪水さえ防ぐことができるという多様な意味を持った、多機能なものなのだと。近代化の過程で忘れてしまった「様々な役割を担う」という観点を忘れ、「安いものを買えばいい」という発想に至るのは、愚の骨頂としか言いようがないのです。

土をコントロールしようとすると、しっぺ返しがくる

堤　私たちは、忘れてしまったものを、今ひとつずつ思い出さなければいけませんね。防災に関して、田んぼの他にもう一つ取材で気づかされたことは、〈土〉の持つ価値でした。

土壌は、微生物がしっかり育って元気だと、土がふわふわとしてネットのような柔らかい糸で結ばれて、素晴らしい機能を発揮するんです。これによって、雨が降っても、地滑りが起きたり洪水になったりするのを防いでいるという話を、土壌の専門家に聞いてとても驚きました。

藤井　それは国土強靭化の観点からは実に重要ですよね。

堤　はい、まさに。国土の７割が森である日本の土にはものすごいポテンシャルがある、というお話でした。そして、この土の凄さというのが、日本国民にはほとんど知られていない、と。

藤井　確かに、豊かな森の土は、多様な有機物を含んでいるでしょうね。

堤　実は、ＳＤＧｓには「土壌」というカテゴリーがないんです。「環境問題」というと、まずは空気や大気、それから食べ物や水ばかりが注目されてきて、みな足元はあまり見ていなかったんですよね。

ところが豊かな土壌というのはまさに持続可能性が問われるもので、これが欠けているというのはとてもおかしな話でしょう？

たった１センチの厚さの土ができるのに、１００年もかかるんですから。

それに人間にとっても、土いじりはとても大切です。農家の方々も、子供のうちに泥んこになって遊んでおかないと、ちゃんとした免疫がつかなくて、すぐ風邪をひく子になるよと言っていました。コロナ禍でも「ウィルスを防げ」と過度に消毒したことで、子供たちの免疫が下がったというのが、後になって多くの国で問題視されましたよね。

藤井　コロナにかからないことだけを人生の目標にしているなら、人に会わず、外出せず、マスクを外すことなく、徹底的に手指を消毒していればいい。でも人生の目的は、コロナにかからないことだけにあるのではない。そんなの当たり前ですよね。一つのリスクだけを取り除いて良しということにはどう考えたってならない。

堤　仰る通りですね。ウィルスが入らないように徹底的に菌を殺す、という西洋的な対策が出る一方で、「うがいのし過ぎ、手指の消毒のし過ぎはむしろ免疫を下げて外からのウィルスに弱くなる」と警鐘を鳴らし、むしろ菌の多様性を増やすことを勧めるお医者様の声も、実はちゃんとありました。消毒コールにかき消されてましたけど……。

私たちの皮膚には、外敵と戦ってくれる常在菌が1兆個、腸内にはなんと100兆個もいて、除菌や消毒をし過ぎると、悪い菌だけでなく人間に必要な菌も殺してしまう。そうすると菌たち全体のバランスが崩れて、免疫が下がってしまうというんですね。

土もそれと同じで、土壌専門家や農家の方々に聞くと、10人中10人がこう言います。

「多様性のある土が、最も素晴らしい」

実は土壌学者たちは随分前から「あと30年くらいしたら、食べ物を作れなくなるよ」と警鐘を鳴らしていたんですよ。それも全世界で。

藤井　そうなんですか⁉　それは由々しき事態ですね……一体どういうことなんでしょうか。

堤　彼らは、化学肥料などの農業資材や地下水の汲み過ぎで、土本来の機能が低下してきていることを危険視していました。

例えば農産物は土中から根を伝ってさまざまなミネラルを取り込む際に、炭水化物を出すんです。そうすると微生物が炭水化物を目当てに集まってきて、それがミネラルの供給源になるという循環ができているんですね。

ところが、ここに化学肥料を入れると、簡単にミネラルが供給されるから、根は甘やかされて、炭水化物を出さなくなってしまう。するとその炭水化物はどこに行くかというと、閉じ込めておけないので、大気中に二酸化炭素として排出される。なんと、温室効果ガスに変わってしまうんですよ。

藤井　何も考えない人間が目先の利益のためだけに自然に回っていた循環を邪魔だてして、自然がおかしくなってるってことですね……まさに最悪じゃないですか。

堤　私もこの話を聞いた時には愕然としました。

土にかかわる人たちは、この循環が回らなくなっていること、土壌微生物の多様性が失われてきていることに、大変な危機感を覚えていました。
まさに「土は生きている」の言葉通りで人間が自分たちの都合だけで思い通りにコントロールしようとすれば、やはりしっぺ返しがあるんですよね。

「神が宿っている」土地の大切さ

藤井　土や森林は人間にとって生きるために必要不可欠なんですよ。もちろんそれは「酸素を吐き出してくれる」ための存在としても貴重ですけれども、人の精神にとって、人が人で居続けるために大切なものなのだと思います。僕は農業はしていませんが、暮らしの中で、人生の中でできるだけ山や森に接続して生きていきたい、という素朴な気持ちがあります。

堤　山や森に行くだけでも、なんだかホッとしますよね。

藤井　そう、頭で理解しているというより、体が細胞が理解しているというか。
僕が京都の家を買う時に、唯一こだわったのが「森が近くにあるか」という点でした。
山のふもとに住んでいるんですけれど、やはりそこには「神が宿っている」と感じられる。
もちろんそれは単なる主観的な感覚に過ぎない話ですが、そうした「森の神」の空気を感じる機会がなければ、私自身、精神的に病んでしまうように思います。大人の僕でもそう感じるんですから、感受性の豊かな子供ならなおさらだと思います。

堤　神が宿っていると感じる森の麓に住むなんて、聞いているだけで癒されますね！素敵です。実は私が京都に引っ越したのも、やはり森の近くで、自然から神聖なものを感じたいと思ったからです。そういう感性って、私たちの中にちゃんと息づいているんですね。

藤井　そうですか、堤さんも京都に！
全くおっしゃる通りで、大都会のタワーマンションでも、それはそれなりに周囲や屋上に緑を植えて自然を取り込む工夫はしているんでしょうけど、やはり選べるなら森がそばにあったほうが絶対いいと思ったんですね。
そうじゃないと、少なくとも僕は気が狂ってしまう。正気が保てなくなるという気がするんです。

堤　今のところは、京都の森のおかげで、藤井先生の正気はギリギリ保たれているはずだと……。

藤井　もちろんそうだといいと思いますが、それは皆さんのご判断かと……（笑）。

堤　ナルホド（笑）。改めて、国土の7割が森林である日本という国は、そういう意味でも特別ですね。先日、札幌で〈食と農〉に関する講演をさせて頂いたんですが、その時も、地球の土壌や生態系の循環が崩れて、環境も食も私たちの身体も、あらゆるものが危機的状況にある中で、いかに日本がこの代えがたい財産を持っているかについてお話ししたら、共感してくださった方が沢山いらっしゃいました。

特に北海道は、外国人による土地購入が問題になっている地域ですから、危機感も高いです。その点、京都は森もあるし、神社もある。日本に帰国してから、ただ、無意識に何か大いなるものに手を合わせるという行為の持つ意味を、よく考えるようになりました。

藤井　本章の頭でも触れた、「お天道様」ですよね。

堤　そうです！「お天道様が見ているから、悪いことはできないなあ」。というのはとても日本的ですよね。実は私、京都に住むようになってから、そこらじゅうに神社があるので、手を合わせる頻度が跳ね上がったんですよ。歩いていて神社やお地蔵さんがあると、立ち止まって手を合わせるでしょう？

最初の頃はこちらからあれこれお願い事をしていたんですが、あまりに数が多いので、そのうち何だか自分の都合でお願いばかりしているような、申し訳ない感覚になってきたんです。そこで途中から、「すべてお天道様に、天にお任せしますから、どうか善きように私を使ってください」と言うようになりました。

そうしたら、肩の荷が降りたというか、清々しい感じになったんですよ。個人的な、今だけ自分だけ、の願望、欲望から解放されたからでしょうか（笑）。何か、もっと「大きなもの」の一部に入れてもらうことで、すべて委ねてリラックスしていれば安心、というような感じなんです。

藤井　分かります、分かります。僕が住んでいるのは小さな山沿いの場所なのですが、その山の中には神社があって、その神社の鳥居が山のふもとにあるんですが、それがまさに目の前、です。

堤　うわぁそれは素晴らしいですね。神社の周りは木が高くて気持ちもいいし、歩くだけで、すっと本来の場所に戻れる感じがして、大好きです。

日本人が幸せな暮らしを取り戻すために「農」が必要

藤井　そういう日本人的な大事なもの、はまだまだ世の中にあるはずです。繰り返しますが、なにせ皇室、神社と農業は不可分なのですから。

堤　本当にそうですね。日本人が大切にしてきたものは、私たちが忘れているだけで、まだ消えてしまったわけじゃない。

皇室と農業との関係、国土と言う言葉の持つ意味、手を合わせることで見えない世界と繋がる神社の存在に、お天道様に向かって手を合わせ自らを正す謙虚さ……。静かで深い日本人の感性を、もう一度思い出さなければなりません。

藤井　近代、日本人はどんどん不幸になってきていて、子供を虐待し殺す、親を虐待し殺す、無差別に人を襲うという事件が頻発しています。そんな事件の背後にあるのは、さまざまなソーシャルノーム（社会規範）の崩壊であって、社会全体がアノミー状態（無統制社会）になりつつある、という社会状況です。

このままいけば日本はますます暗い時代に突入してしまう。これはやはり、ここまで見てきた通り最適化や近代化が進み過ぎて、全体の多様性が失われ、システムの調和がなくなってきていることの帰結ではないかと思うんです。

それが日本社会から失われてきた最大の原因は、やはり日本から「農」という要素が消えたからなんだと思います。ここで僕が言っている「農」というものは、ここまでも触れてきた通り、やはり「自然の循環と社会の循環を接続させること」という意味での「農」です。

そういった大循環を作り出す「農」を社会から切り離し、単に効率のみの観点で評価を下そうとすれば、全部が資本主義のシステムに回収されてしまう。だから人々は不幸になっていくしかなくなってしまいます。

堤　不幸とは、私たちが本来いるべき場所から外れたときに感じるサインですからね。おっしゃる通り、「農」は日本人がそこに戻るための、大事な入り口だと思います。

藤井　だから「食料自給率のため」にももちろん農業は大事だし、「地方の国土、共同体を守るために」というのは国家として重要ですが、日本人一人一人が幸せな暮らしを取り戻すためにこそ、やはり「農」が必要なんです。

堤　幸福を感じるのは、私たちが「農」を通じて、生きとし生けるもの全てを慈しみ、共生してきた記憶を持っているからですね。

だから近代化が進みすぎたことで、社会の調和が崩れ、自然とのつながりが切れて心を病む人がこんなに増えてしまった今この時に、私たちが何を失い、忘れてきたのかを問いなおすことは、とても意味のあることでしょう。それをせずにこのまま滅びの道を進むのか、日本人としてのあり方をちゃんと次世代に手渡すのかを、私たち大人が決めなければなりません。

それは消滅したわけじゃない、藤井先生がさっきおっしゃったように、ちゃんと遺伝子の中に残っていますから、大丈夫、必ず思い出せるはずです。

第4章

食料「自決権」のヒントは地方にあり

田中角栄著『日本列島改造論』の価値

藤井　前章で見たように、これだけ日本人の精神性、文化、歴史に深く根付いた農業に対するリスペクトが、なぜ戦後の日本で急速に失われつつあるのか。戦後と言っても、僕の印象だと１９８０年代までは「農家を大事にしろ！」という声が、官民を問わず大人たちからガンガン発せられていたことを、よく覚えています。

少し日本国内の農業政策の戦後史をおさらいすると、１９５５年にいわゆる「55年体制」ができ、１９６０年代からは全国総合開発計画が始まりました。これは１９８０年代後半の第四次計画まで続きますが、この計画の基本目標は都市の肥大化や過密の問題を解消し、地方格差を是正すると同時に、自然と調和のとれた国土資源の保全や、各地方の特色を残そうとするものでした。交通ネットワークも含めた全産業を視野に入れており、当然、農業にも目配りがなされていました。

政治的には、全国各地を豊かにしなければ、自民党が持たないという認識、という現実があったのでしょう。だから当時は農業振興とインフラ整備、防災を全国レベルで実施すべきだという議論が主流で、その理念を固めたものが、田中角栄が１９７２年に発表した『日本列島改造論』だったわけです。
「列島改造」というと、「全部をコンクリで固めてしまえ」「ゼネコンが儲かる公共事業」というイメージを、特に今の人たちは持ってしまうかもしれませんが、実際はそうではありません。田中角栄は新潟県民として、「ウサギ追いしかの山」を残したいと考えていた。

堤　まさに「忘れがたき故郷（ふるさと）」ですね。私も初め『日本列島改造論』には、工業化のイメージを持っていたのですが、雪が少ない太平洋側を農業地帯にして、雪の多い北海道や東北・北陸側を工業地帯にし、情報ネットワークで教育も医療も、都市と地方の格差をなくそうとするという、巨大な計画だったんですよね。
ついでに政治家の本で90万部も売れたという、異色の大ベストセラー！

藤井　そうです。こうした政治理念を、国民は熱烈に後押ししました。すべてが都会になってしまっては、日本の国土とは言えない。美しき田園風景を残すためには、どうすればいいかと角栄は考えていたのです。
里山というものを残すためには、必要なコンクリ事業は行い、高速道路や新幹線を全国に張り巡らせることがどうしても必要となる。第一に、洪水や土砂災害から田園を守るために、そして第二に、必要なインフラ整備を通して全国各地の貧困をなくし、格差をなくすために。それらによってはじめて農業や農村が存続可能となるわけです。

こういう「均衡」あるかたちで国全体を高度化し、活力ある都市と同時に美しい田園、里山を同時に残し、両者を融合させ、調和させていき、古くて新しい日本をつくり続けていかねばならない、と角栄は考えたわけです。

堤　日本の公共事業が都市部に集中していたあの時代に、田園や里山、農村に目を向けていたという事実は、今ふり返っても改めてすごいことですね。

藤井　それにはやはり、田中角栄の生い立ちが影響していたのでしょう。新潟の貧農の家に生まれた角栄は、豪雪地帯・新潟の冬がどれだけ厳しい環境か、農家にとって過酷な状況かというのをよく知っていました。春になっても、雪解け水が冷たすぎて大半の農業従事者がリウマチになっていたというような厳しさです。

角栄の家も貧困で苦労していたようですし、周囲の農家の困難さも見て育った。だから政治家として何とか、地方の農村の生活をよくしたいということを思い続けたのでしょう。彼は東京に出てきて、永田町で政治にかかわるようになってからも、文字通りの「故郷は遠くにありて思うもの」という精神を忘れなかった。

大都会に出てきても、故郷のことを忘れずにい続けるという精神風土は、実を言うと日本ではこの戦後、どんどん失われてきています。多くの政治家も官僚も、田舎で育ったくせに、東京に出てくると目まぐるしい東京の暮らしと仕事に意識を支配され、田舎のことをあらかた全て忘れてしまう。そんな中、角栄は北海道から沖縄まで、それぞれの土地にそれぞれの故郷があり、それを守ることが総理大臣としての、つまり日本国家の家長としての務めだと心に銘じて、政治を営んできたと思います。

そして家長たる角栄を官僚が支え、議員が支え、日本国民が支えてきた。角栄も強大な霞が関の権力を活かしながら、すべてを引き連れて日本国家を盛り立てようと尽力した。

堤　皆が家族の一員となって、家長が描いた素晴らしいビジョンに向かって、力を合わせていった。それだけの吸引力を持った人物が国のトップに立ったからこそ、実現したんですね。

藤井　しかし今は、角栄のようなリーダーがいないし、官僚も議員も日本国民も、「俺たちのリーダーだ」と支えたくなるような人材がいなくなってしまいました。日本は一つの家族なんだという気持ちは、あらかたこの国から、とりわけ霞ヶ関や永田町において蒸発してしまったように思います。特に今の岸田文雄総理大臣にはそういうメンタリティーは文字通り僅かな欠片すら残されていない。

堤　そういう意味では、もう一つ、角栄氏が議員立法を最も沢山作った政治家だったというのも象徴的だなと思いますね。今や法律の9割は、官僚の作る閣法ですが、本来立法府にいる国会議員の使命は、より善き日本にする法律を作ることなんですから。

そして、政界のトップが角栄氏のように、日本人にとって不可欠な「農」の価値をちゃんと理解しているかどうかが、国の運命を分ける重要要素であることが、よくわかります。

藤井　農業を中心とした、日本のあるべき姿を示して引っ張っていくようなリーダーがいなくなり、日本人の意識からも「我ら日本人」という一体感はどんどん消え去りつつある。

これは日本の農が解体され、日本の道というものが解体されることで、日本国家そのものが解体されるに至った道のり、そのものだと思います。

漫才師の横山やすしさんの怒り

藤井　ロッキード事件を皮切りに金脈政治批判が角栄に注がれるようになりますが、それでも１９７０年代、１９８０年代までは、都市と農村のバランスある発展が国民の基本的なコンセンサスでした。

その後、オレンジの自由化論争が起きるのが１９８８年頃で、実際に自由化が始まったのが１９９１年です。日米貿易摩擦を背景に、アメリカから「オレンジの輸入自由化」を迫られました。

当時のことを僕は今でもよく覚えていますが、漫才師の横山やすしさんが久米宏さんの「テレビスクランブル」に出演して、「農家を守ったれや！」「和歌山のみかん農家が食えなくなるなんておかしいやないか！」と息巻いていたんです。酒を飲んで赤ら顔でしたが……。

堤　テレビでお酒を飲んで、赤ら顔。自由ですねえ……（笑）。

藤井　当時はそういうのが全然許されていた時代だったんです（笑）。文字通り本気でおっしゃっていた。それを受けて久米さんも「そうですよね、みんなで農家を守りましょう」なんて言っていました。

堤　そんな時代があったのですね。その頃、藤井先生はおいくつだったんでしょう。

藤井　当時僕は高校生でした。今でもよく覚えていますが、その当時はまだ「みかん農家を守れ」「みかん産業を潰すな」「農業は大事だ」という空気が濃密に残っていたんです。

前章でも述べた通り、この頃はまだ「オレンジ自由化」「牛肉自由化」など、個別の産品に対する交渉が行われていました。しかしその後は包括的に全品目が自由化の波にさらわれていて、「どれを自由化するか」ではなく「どれを最低限守るか」という話になっています。話の展開が真っ逆さまになってしまったわけです。

堤　今やTPP一つとっても、最終的な完全自由化が前提ですものね。

藤井　だから当時の議論というのは、今から思えばまだかわいいものだったんですね。それでも大人たちは必死で、「俺たちは日本の農家のみかんが食べたいのであって、カリフォルニアのオレンジが食べたいわけじゃねえ」という姿勢が共有されていたのです。しかもそこには、「なんでアメリカの言うなりにならなければならないんだ」という民族ナショナリズムも多分にあった。

今となってはもう想像もできないくらいの隔世の感がありますが、当時は「俺たち日本人」というその意識における「仲間、あるいは、家族としての日本人」という共同体意識の中に、サラリーマンもタレントも農家も、皆入っていたんですね。「俺たちの家族が割を食うなんて、冗談じゃない」と。

堤　目に見えないところで、全国民が一つの家族のような感じがあったんですね。

藤井　１９８０年代というのは、戦争が終わって40年ということで、まだ敗戦後の気配が今よりはずっと色濃く残っていたんです。日本の国家意識、家族意識も残っていて、横山のやっさんの怒りというのは、そうしたものの象徴だったんです。

農の価値を理解していない保守は偽物

藤井　ところがそういう国家意識、家族意識というものは１９９０年代以降、社会からサーっとなくなって、２０００年代に入ってからは見る影もないような状況に至ることになります。これは、戦争を戦い、それを通して「国家意識、家族意識」を培った世代がほぼほぼ全員、戦後半世紀が経過して引退していったことが直接的原因です。

そして、日本は、若年層のみならず重鎮層、中枢層に至るまで、国家意識、家族意識を全くもたず、自分の事ばかりを考える利己的で個人主義的な戦争を全く知らない戦後世代に埋め尽くされるようになった。その結果、「日本人皆、家族じゃないか。みんなで協力して頑張ろう」とか「アメリカ何するものぞ」という意識はほぼほぼすっかり消えてなくなって、「国家ランキングで中国や韓国より下にはなりたくない」というだけの歪んだナショナリズムのみが表出するようになったわけです。

そういう輩の多くは「強い日本」とか「日本を愛して何が悪い」と口にしますが、農業を守ることになどは一切頓着しない。むしろ「弱い農業なんて潰してしまえ」と、農村の解体に力を入れる程です。

堤　「ナショナリズム」というのは、派生元によって180度変わりますからね。

故松下幸之助氏が、戦後焼け野原になった日本を見て、「日本人はこんなところでは終わらない、知恵を使って万人が幸福な平和な国を創ることができる筈だ。真の繁栄とはそういうことだ」と仰って、PHP研究所を立ち上げられました。その志が今も私たちの心を打つのは、多くのものを失った時に奥底から自然と湧き上がる祖国への強い愛が根底にあるからでしょう。

一方、「自分さえ良ければ」という利己的な競争意識から派生した「強い日本」は、正義と悪の二元論で、弱い誰かや敵を蹴落とすことで成り立つもの。そこに「愛」はありません。

今、「真正保守」「似非保守」という言葉がありますけど、自然への感謝や慈しみ、和を貴ぶという日本人のアイデンティティの礎である、農村共同体や農の価値を理解していない時点で、それは明らかに偽物ですよ。

藤井　ホントにおっしゃる通りですね。そもそも自民党自身が、かつては農村を守るために政治をやっていたはずが、いまや農業を徹底的に叩き、地域共同体を衰退に導いています。

吉田茂、佐藤栄作、池田勇人らの時代は有権者の大半が農村ですから、農村を無視できなかったという事情もあったのでしょう。つまり当時は、都市人口よりも農村人口の方が多かった。でも今やもう、都市人口の方が農村人口を上回ってしまい、自民党も農村政党から新自由主義政党へと変質してしまったわけです。ＴＰＰ交渉は２０１０年から始まりましたが、「農家だけを守る必要はない」「弱い農家は潰せ」と、そんな声ばかりになったのも、そのせいです。

「ニッポンのために怒れるおっさん」をテレビで見なくなった

堤　生き物や自然や他者と共生する日本人の知恵を育んできた農村を、単なる票田としか見なくなった時から、自民党はおかしくなりましたね。

そうやって、人間が見えないものの価値を感じる感性をなくした時に、新自由主義的価値観がすっと入り込んでくるのです。80年代は英米のトップであるサッチャーとレーガンの二人が掲げる新自由主義が盛り上がり、それが津波となって押し寄せた日本では、中曽根政権がアメリカからの圧力を受けて国鉄や電電公社を民営化、我が国はここから一気に変質していきましたね。

表向きは、日本が輸出で儲け過ぎているから、バランスを取るために今まで守ってきた自国市場をもっと開け、などと言ってきましたが、背景にあったのは、この間一気に巨大化したグローバル企業群と金融業界の意向です。その一つが農業メジャーでした。

藤井　そうですね。日米間の貿易摩擦が激しくなって、日本がアメリカにクルマを売りつけるなら、日本はアメリカの農産品を買え、という流れになっていったわけですね。そして、1990年の東西冷戦でソ連という敵を「倒した」後、ますます日本に対する圧力が強くなっていく。

一方で、日本の状況はどうだったかというと、横山のやっさんも96年に亡くなってしまいましたが、先に述べたように、90年頃になると日本社会から国家意識のあった戦前の世代が全て引退することになる。その結果、農家を慮る声や「アメリカがなんぼのもんじゃい」という国民の声が蒸発していったわけです。

堤　農業を守る頼みの綱だった田中角栄さんも、最初の電電公社民営化の時点で危機感を感じて止めようと尽力されたけれど、残念ながらこの時は、新自由主義派にやられてしまいましたよね。

藤井　つまり、90年代というのは、ソ連を打ち負かして一人勝ち状態となったアメリカが日本をターゲットに牙をむき始めると同時に、守る側の日本人の方では、戦前の世代が全て引退して国家意識が失われてしまい、激しく脆弱化し、守備力が大きく低減する状況に至ったわけです。攻める方が強く、守る方が弱くなったのが1990年代だというわけで、その結果、日本国家は激しく破壊され、日本の農がいの一番に壊滅的ダメージを受けるに至ったわけです。

堤　そうやって時系列で経過を見ると、実にわかりやすいですね。

冷戦が終わり、一気に攻めを加速させた新自由主義のアメリカが日本の農に狙いを定めた90年代は、両国の動きが重なるのはパラレルで決して偶然ではありません。アグリビジネスが米国内の地域共同体を解体し、自国農業のコントロールを完全に掌握したのが、まさにこの時期だからです。

その後、一部でなく完全にフリーハンドでビジネスができる経済ブロックとして出てきたＴＰＰに対して、反対の論陣を張った論客は本当にごくわずかでしたね。藤井先生は数少ない反対派の急先鋒でおられました。

藤井　僕はもう本当に腹が立って、「あの頃のやっさんの気持ちになって暴れたろう」と思ってました（苦笑）。僕が最初に世の中に問題提起をしたのは、民主党政権が「コンクリートから人へ」と言い出した２００９年です。インフラ、土木にかかわっている人間として、ここで黙っていたら男が廃るという意識がありました。さらに２０１１年に東日本大震災が起き、本格的に日本のインフラの見直し、国土強靭化が必要だと強く感じ、「これでやらなければ、税金で食わせてもらっている身として、人生として恥ずかしい」と感じ、その後のＴＰＰでの論陣に繋がっていきました。

しかし１９８０年代末はやっさんだけでなく、久米宏もオレンジの自由化に反対していたし、インテリのど真ん中の人たちも「農家を守らねば」とはっきり言っていたんです。

堤　それは知りませんでした。すごいですね。さっきの、横山やすしさんのエピソードも、今聞くとガツンと響いてきますし。

藤井　正確にいうとやっさんだけじゃなくて、当時のおっさんたちは皆怒ってた。人生幸朗だって漫才でぼやきまくってましたし、細川隆元だとか西部邁だとかいろんな評論家先生も怒ってたし、なんと言っても自民党の議員たちが怒ってた。ハマ・コーさん（浜田幸一自民党衆議院議員）なんかはその典型ですよね。

でも、今はもう、そういう「ニッポンのために怒れるおっさん」を、ほぼほぼテレビで見なくなった。だからひょっとすると僕らくらいが、やっさんに象徴される「怒れるおっさん」をガッツリ見続けた最後の世代なのかもしれません。

堤　そういう人たちが出ていた時のテレビは本当に見応えがありましたよね。出演者のリアルな体温が感じられて、本気の丁々発止が見られた。今のように討論番組がつまらなくなる前の、テレビが面白かった時代でしょう？　でもそうやって、自分の国のために本気で怒る大人の姿を目にしなくなることは、子どもたちにとっては大きな損失ですよ。

藤井　だから僕も、ＴＰＰの時には民放でもＮＨＫでも「ふざけんな」とやったわけです。本気で怒って、日本の多様性を、日本の農業を守らにゃならんだろ！　と伝えたわけです。が、「日本のために怒る」というノリそのものが、80年代と今とでは全くちがいます。

かつては、大人として当たり前の常識的な振る舞いの中に「日本のための怒り」というものがありましたが、今やもう、全くなくなっている。「日本のための怒り」なんてもう、変わり者の変わった所業の位置づけになってしまっている。これでは日本は守れませんね。

日本政府は日本の米農家を守ることも放棄

堤　新自由主義の台頭がもたらした価値観の影響は大きいと思います。市場原理主義は国民を分断するほど効率化されますから。その価値を数値化できない公共サービスや共同体内での助け合いが〈有料サービス〉としてお金に換算されてゆくほどに、私たちはバラバラにされて、国のために、というスケールで喜怒哀楽を感じる場面が失われてゆくんです。

そしてまた、目にみえるデータにだけ価値をおき、四半世紀のスパンでものを考える識者ばかりメディアに出すのが、グローバルビジネスにとって効果的なマーケティングであることも、私たちは忘れてはなりません。

「ノリが変わった」のではなく、隅に追いやられているだけです。

その証拠に、今世界中でゆり戻しがきて、各地で怒りが爆発しているでしょう？

一部の者の利益のために、自分の国の価値あるものや、文化や伝統、未来の子供たちに手渡すはずの社会を食い物にされてゆくことに怒りを感じるのは、人間が持つ自然な反応だから消えません。

藤井先生が日本のためを思って怒り散らしたことも、そのときノリが悪く見えても、後になってどこかで誰かが「ああそうだったのか！」と溜飲を下げる瞬間が必ず来る。そのときのための、大切な種まきをされたんです。

一番怖いのは、インテリ層がこぞって業界の紐付きになったり、公益についておかしいことをおかしいと指摘しなくなったとき、社会に赤ランプが点滅するのを見逃してしまうことです。これだけは、体験したものが伝え続けてゆく責任がありますよ。

ナチスドイツ政権下のニーメラー牧師が書いた有名な詩があるでしょう？　ああやって、見えないところからじわじわと足元が崩されてゆくパターンは、時代が変わっても、今も同じように機能しているんです。

〈ナチスが共産主義者を攻撃し始めたとき、私は声をあげなかった。
なぜなら私は、共産主義者ではなかったからだ。
彼らが社会民主主義者を投獄したとき、私は声をあげなかった。
なぜなら私は、社会民主主義者ではなかったから。
彼らが労働組合員を連れさったとき、私は声をあげなかった。
なぜなら私は、労働組合員ではなかったから。
次に彼らは私を攻撃し始めた。
だがもう、私のために声を上げる者は、一人も残っていなかった〉

藤井　そうですね。このまま私たちが何も声を上げなければ、「彼らが米を取り上げた時」に「私たちが安心して食べられるものは何一つ残っていなかった」なんてことになってしまいます。でも、昔は確かに「米」を、そして、米を作る「農家」を守るために、私たち日本人は政府を挙げて声を上げ、努力を積み重ねていた。

例えば昔は米価審議会というのがありました。農林水産省の諮問機関で、米の価格を話し合い、暴落したり高騰したりしないよう、調整していたのです。これは農家を守ると同時に、米を主食とする日本人の食生活を守るという機能を果たしていた。僕も学校で「米価審議会で米価を決めて、農家の所得を守り、日本の米を守りましょう」なんてことを、当たり前のように習ったものです。

だから当時は、米は日本人の食生活の根幹にかかわる大事なものですから、「米の価格をマーケット（市場原理）で決めるなんて、アホちゃうか」という雰囲気があったわけです。しかし１９４９年に設置された米価審議会は、２００１年廃止されました。要するに、日本政府は日本の米農家を守ることも放棄し、米食文化を守ることも放棄したわけです。そういう米を巡る政治の根本的な方針転換を象徴するのが、その米価審議会の廃止だったと言えるでしょう。

人道支援や生活困窮支援に米を活用すべき

堤　今や〝有識者やインフルエンサー〟が口を開けば、やれ家族経営の農家を解体しろとか、補助金を打ち切れとか、そんなフレーズばかり。

ホリエモンがYouTubeで「棚田なんて無駄、観光客用の飾りでしかないじゃん」なんて平気で言いだす始末です。生産性という一面でしか見てなくて、棚田の持つ多くの価値を全くわかってない。

でも今は多くの人がスマホ脳になっていて、すぐ答えが出ないとイラっとしますから、インフルエンサーが断言すると、深く考えずにすぐ「そうか、棚田って無駄だな」と思い込んでしまうので厄介なんです。

藤井　例えば、鈴木宣弘先生はこんな話をしていました。コロナで外食需要が減った時、米が余るようになった。すると日本の政府は「米が余って値段が暴落するので、米を作るな、流通させるな」と言います。しかしそれは生産者を大いに落胆させることになる。「作るな」と言われているわけですから。そうではなく、国が買い上げて、人道支援や生活困窮支援に回すべきだと。収穫を減らして補助金で補塡するのではなく、作った米を活用するために税金を使うべきだと。

アメリカはそういう発想だというのが鈴木さんのお話です。例えば米の一俵当たりの値段が1万2000円から9000円に下がってしまったとする。アメリカはその差額分を、税金を一兆円使ってでも補填するというんです。「値段が下がるから減産しろ」という話ではない。要するに経済学でいうところの、財政政策に基づくプライスコントロール（価格調整）政策をアメリカは徹底するのです。

日本も同様に、国が買い上げたり、補助金を出すべきだと。そうすることで、農家も助かるし、人道支援や生活困窮支援に米が使われれば、日本の農業が世界や国内の貢献につながることになります。そのために財政出動しかないのだと鈴木さんは力説していて、僕も全く同感でした。

堤　同感ですし、本当に今、それしかないですよね。

有事で輸入小麦が高騰してパン屋さんやレストランがたくさん潰れましたけど、私は個人的にグルテンが苦手なこともあるんですが、以前から日本は国産米粉に力を入れたらいいと思っているんです。

米粉パンは時間が経ってもパサパサしないし、小麦アレルギーの子供が増えている今、お母さんたちにも大人気、味も美味しいですよ。特に、円安や輸送費用の高騰で輸入小麦の値段が高止まりしている今は、まさに米粉デビューのチャンスなんです。

実はここは農水省が地味に頑張っているところで、ちょうど今国会で、米粉の加工業者が減税や利率の低い融資を受けられる法案を出すんですよ。

新自由主義は平時に良くても有事に弱い。

今一周回って再びお米に戻ることで、日本人はもう一度「農」という本来の軸に戻るべき時でしょう。それこそが「農は国の本なり」の実現ですよね。

藤井 まさにそうです。それがしっかりできれば、食料自給率も高まり、食料輸入によるマネー流出が食い止められ、確実に経済効果が生まれます。現在、日本では農産品の輸入のために、実に8兆円ものキャッシュが海外に、毎年流出し続けています。これは途方もない経済被害ですよね。

食料自給率が高まれば、この8兆円のうちのかなりの割合が、国内にとどまる。農家に行き渡る。これは8兆円の予算を使った経済政策をやり続けているのと同じ効果を生むことになるわけです。つまり、食料自給率が低いことが、イコール「デフレ圧力」になっている。

経済学的な観点から言うなら、日本人の1億個以上の胃袋は強力な内需製造装置で、それ自身が経済成長の強力なエンジンなんです。ところが政府にはその意識がないから、アホみたいに自給率を下げて、エンジンの3分の2を海外産の食料で動かしていることになる。関西弁で言うところの、「アホ丸出し」な話そのものです（笑）。

政府は地方に対する「ネグレクト」をやっている

堤　1億人の胃袋が最強の内需製造装置。元気が出る表現ですねえ（笑）。政府にその危機感がないというのは、もう本当に何なんでしょう？

2023年に小麦も燃料も、いろんなものが一気に高騰して、全国で悲鳴が上がる大変な事態になっていた時も、もう政治の反応が鈍いというか、焦りを感じなかったんですよね。いわゆる農水族議員の先生方の声も、今一つ聞こえてこなくて……。

藤井　永田町にはそういう危機感はまったくありません。脳死してるんでしょうね。

堤　脳死!!

藤井　ゾンビみたいなもので、生きているように見えて実際は死んでいるようなものです。僕も永田町に6年間、内閣参与として在籍しましたが、「うわ、こいつ脳死してはるわ」と思う方を目にすることが、正直しばしばありました。挨拶したり、お酒飲んだり、笑ったりしているけれど、他者に対する危機感や感情が伴っていない。キョロキョロとりスみたいに上の動きをうかがっているだけで、「こういうことをしたい」という意志や、「こういうことをしなければならない」という使命みたいなものがまったく見えない。「ロボットちゃうか」と思っていたくらいです（笑）。

堤　後ろを向いたら、絶対背中に銀のボタンがついてますよそれ（笑）。

だから、コロナ禍で、他の国が緊急会議を開いて自国の食料自給率をどうやってあげるか必死になって議論していた時も、焼け石に水のような対策しか打たなかったんですね。しかもあろうことか米国産牛肉や外国産乳製品の輸入を増やすルールに変更し、野党まで賛成する始末。それで米国駐日大使が喜びのコメントを出した時は、思わず「あ〜もう、売国！」とスマホに向かって叫びましたよ、私。

藤井　官僚にせよ政治家にせよ、売国奴な輩が本当にたくさんいます。ＴＰＰやＥＰＡなどの外交交渉を見ても、農業が衰退することが分かっていながら、あらゆる農作物の関税を引き下げ、輸入規制を撤廃して自由化し続け、その見返りに自動車の関税を数パーセント、下げさせてくれと自ら願い出ている。これは日本の農を売っ払って、見返りに関税を下げてもらって、それで喜ぶグローバル企業にサポートされながら政治活動を継続しようという、ゲス極まりない振る舞いです。

これは文字通りの売国行為。やっていることは極道そのものというか、本職の極道の人たちは極道の看板を堂々と出していますが、今の政府は「国民のため」と言ってとにかくとんでもないことしかやらないし、極道のような元気も、生気も覇気もない。もちろん全員が全員そうだとまでは言いませんが、とにかくそういうのがホントに多い。永田町にいると脳の死んだゾンビに囲まれているような気分になり、いつも吐きそうになっていました。

堤　何と……。そんな中でも何とか正気を保つために、神社に何度も参拝されるわけですね。

藤井先生、私が正気を失いそうになったことと言えば、あれです。岸田総理がいきなり、「デジタル田園都市国家構想」という謎なことを言い出したでしょう？

藤井　そうそうそう！「田園、って意味わかってんの？　田園とデジタルって全く相反するものよ？　VRで田園見せとけばいいとでも思ってんの？」と、はっきり言って、そういう相反する言葉をつないで「気持ち悪い」と思わないセンスが全くわからない。

一応、デジタル庁が出している「概要」を引いておくと「デジタル田園都市国家構想」というのはこういうことだそうです。

〈デジタル田園都市国家構想が目指すのは、地域の豊かさをそのままに、都市と同じ又は違った利便性と魅力を備えた、魅力溢れる新たな地域づくりです。具体的には、「暮らし」や「産業」などの領域で、デジタルの力で新たなサービスや共助のビジネスモデルを生み出しながら、デジタルの恩恵を地域の皆様に届けていくことを目指し……〉

堤　いや、もう、どこから突っ込んだらいいのやら……。

藤井　「田園」と言っておきながら、農業の「の」の字も出てこない。だいたい「地域の豊かさをそのままに」と言ってますが、今地方がどれだけ疲弊しているのか、農が今どれだけすさんだ状況にあるのかがまるでわかってない。そんなリアリティに対して一顧だにしないまま、「少子高齢化が進む日本では、これからはグローバル社会で勝ち抜く農業を、デジタルの力を駆使して……」みたいな、ボヤーっとした中身の何もない空疎な言葉を独り言のように口にしてるに過ぎないんですよ。

堤　それならいっそのこと、地方に予算を投げて、あとはそれぞれの地域ごとの特色に合った農業政策をさせるという方向に切り替えればいいと思うんです。

日本は47都道府県それぞれにカラーがあって、それを活かす方法を一番わかっているのは現場の当事者である農業者でしょう？　せっかくそのために「地方自治法」という素晴らしい法律があるんですから。中央政府は、農の価値や地方の現状を無視して、財界やアメリカの意向で動くばかり。あてにしている方が危険ですよ。

藤井　まさにそうです。政府は地方に対する「ネグレクト」をやっているに等しい。つまり、育児放棄です。だから地方としては政府にはまず「ネグレクトをやめろ」とあらゆる手段を駆使して全力で働きかける一方で、それと同時に、中央政府に媚びるのではなく、まさに自活してたくましく生きていく道を探らねばなりません。まさにおぞましく激しくネグレクト虐待を受けている子供が、どうやって親に殺されずに生きていくのか、という話と全く同じ状況が今の地方にはあるわけです。

地元経済を回して救済する「ローカルフード」の仕組み

堤　実際、政府が当てにならないので、育児放棄された地方の中には、生き延びるための創意工夫をした取組みが始まっています。例えば、地元の零細家族農家が農業を続けていけるように、地元経済を回す輪の中に組み込む仕組みを作る、いわば「ローカルフード」の仕組みがあちこちで作られ始めている。

市長が市内の小学校に有機給食を導入することを決め、地元生産者から有機食材を買う際の差額を、市の予算でカバーする政策で大成功した千葉県いすみ市の例は、メディアでもずいぶん取り上げられました。長野県松川町では耕作放棄地を行政が買い上げて有機給食の食材を生産させています。お米や麦や大豆という主食の種の開発と安価な普及に行政が責任を持つ「主要農作物種子法」が廃止された後には、地域のタネ農家が潰れないよう、現在までに34の道県が独自の地域条例を作って守っています。

日本の農業と食料安全保障を守るために「タネの自給率」は不可欠ですから、こうした条例を全国に広げるために、私の夫が仲間と作って超党派の議員立法で成立させようとしているのが、「ローカルフード法案」です。

食料安全保障の基礎となる地域の在来種の種を「公共資産」と位置付けて公費を投入し守っていく。これをベースに、47都道府県で地域のタネから作る「循環型食システム」を張り巡らせてゆくんです。

この地域条例には予算がかかりますから、財政的な根拠法として、今国会で何としても成立させなければ、と言って他党の先生たちに呼びかけて回っていますが、今永田町ではかつての角栄氏のような議員がめっきり減ったので、こういう日本のための議員立法になると皆さん反応が悪いそう。かれこれ３年以上経ちました。

タネは今グローバル企業が熾烈な奪い合いをしているので、世界でも多くの国が、主権を奪われないよう法制化している真っ最中です。

でもようやく、トンネルの先に光が見えてきたみたいですよ。ＯＫシードの印鑰智哉さんや鈴木宣弘先生もこの法律のことをあちこちで拡げてくれています。私も講演で紹介していますが、地方の皆さん、とても関心をもってくれますね。

大事なものを守る法律も、国が作ってくれないなら条例の形で地方で作る。ネグレクトされてきた子たちが、そのまま潰れてしまうことを拒否して、自分の足で立ち上がってきた感じですね。

藤井　第16代天皇である仁徳天皇の「民のかまど」の逸話を思い出しますよね。仁徳天皇が高い山に登って、すそ野に広がる村々を見下ろしたところ、炊事の煙が上がっていないことに気づきました。それで仁徳天皇は「民は食べるものにも困っているのではないか」と考え、租税を免除して、民の負担を軽減し、生活が豊かになるまでお金を徴収しないことを約束したといいます。

仁徳天皇自身は、服も粗末なもののまま、宮殿の屋根の茅さえも葺き替えなかったと伝えられています。民への愛情、治世者の役割、さらには租税と経済の関係性まで、今の政治家よりずっと理解されていたことがよくわかります。

政府も仁徳天皇にならって、「かまどの煙は上がっているか」と財務大臣がチェックして、上がっていないならポンと５０００億円くらい各県に配るような施策をやれと言いたいですよね。もちろん、そんな発想は財務省には全くなくて、政府も「これからはグローバルだ！」と言っているから絶対にありえないんですが。


堤　財務省は地震でひどい状態になった能登の復興にまで「コスト削減」を持ち出して炎上しているレベルですからね。政府と財務省が変わるのを待っていたら、この国は本当に潰れてしまいます。

さっきの、〈地域のタネから作る循環型食システム〉のいいところは、地元農業を活性化させるだけでなく、子供たちの「食」に対する意識も変わってゆくところです。

それまでは冷凍品や加工品の、海外産が原料の安い食材を使っていたものが、地元産の有機材料が入ってくるでしょう？

農業資材とエネルギー価格が高騰している今、経費が下がって農家が経済的に助かるのに加えて、学校で子供が、こうして作られたおいしい給食を食べることで、地元や農業に興味を持つようになりますし、何より健康になる。食べ残しが減るので、フードロスも減る。すると各家庭でも「それならうちもその食材を使おうか」と輪が広がってゆく。結果的に、地域みんなでいろいろな角度から、「農」の持続性を支えてゆくことになるんです。

藤井　ある種の生態系が「農」を中心に回っていくんですね。

堤　そうなんです。農業を中心に、教育、医療、生産、流通、経済が回っていく。すべてが循環するサイクルですね。さっきの千葉県いすみ市や長野県松川町の他にも、石川県羽咋市や、宮崎県綾町など、こうした事例を取り入れている地方自治体は今、どんどん増えています。

食に関する取材をする中で、「農業資材の高騰」を「有機給食」という入り口で行政が解決するという事例に、私は大きな希望を感じました。

俳優の山田孝之さんと松山ケンイチさんの田植え

藤井　農業が日本で盛んになれば、各地方の地域経済が支えられるだけでなく、各地の国土の荒廃も防ぐことができるようになり、豊饒な国土、強靭な国土が形成されていくこくさん育つに違いありません。

とにもなる。そうして保全され、丁寧に手を入れて次の世代に受け継がれる田園風景は、日本人の心象風景そのものとなり、自然を愛し、農のために戦いたいと思う子供たちがたくさん育つに違いありません。

実はもう、そういう兆しが見えてきているのではないかと思わせる現象も起きています。先日、あるサイトで俳優の山田孝之さんと松山ケンイチさんが、山田さんが主宰する「原点回帰」という団体が持っている水田で泥だらけになって田植えをしながら、農業や自然の恵みへの感謝を知ることとの重要性について語っていました。

お二人とも「田植えをすることで、土と繋がっている、一体になった感じがする」「農作物を輸入に頼っているだけだと絶対無理だし、農は絶対になくならない、なくしちゃいけないものだと思う」「昔からの固定種だったり、農薬肥料に頼らなくても作物ができるっていうことがちょっとずつ浸透していけば、食料難だとか、何か災害があったときの焦りとかが減ってくることに繋がっていくと思う」などと、我々からすると、農に対する本能的な問題意識の共有ができていると感じられるうえに、農を通じた実に自然な、人間としてごくまっとうな感情を口にしていたんです。

世代で言うと、彼らは30代後半から40代前半くらい。この世代は、それより前の世代とは違って、農業に対してダサいとか、古い、カッコ悪いというような間違った先入観を持っていないのでしょう。

世代論で言うと、戦後第一世代は戦争の反省を抱くことからすべてが始まり、戦前的なものを否定することがアイデンティティになっていました。ナショナリズムは悪であり、だから日本的なものは破壊するべきである、と。その中で、日本の象徴である皇室、さらには農業についても否定しなければならない、と思ってしまったのかもしれない。「新しい日本こそがこれからの日本であって、古いもの、土着的なものは捨てるべきだ」と。これは実は意識としては、右翼も左翼もそう変わらなかったのではないかと思います。

しかし今の若い世代、少なくとも僕より下の世代にとって、戦後第一世代やその次の団塊の世代は、もはやお年寄り。彼らからすれば「新しい日本になるために、古い日本を連想させるようなものは捨てようぜ」という発想こそが、もう古いのです。でも、今の年配の方々は、自分たちが若い頃に抱いた発想が未だに新しいものだという古い観念を捨てられず、彼らによる「老害」と揶揄されても仕方の無いような悪影響を日々拡大させ続けている。

要するに、小泉純一郎や竹中平蔵みたいなのが出てきて「構造改革！」「既得権益打破！」なんてやっているのが超古いわけです。つまり「兎に角、新しいことやらにゃいかんのじゃぁ！」なんてうそぶいている彼らそのものがもはや老害の域に達している訳です。それよりもっと大事なことがあるだろう、農家のおじさんたちが一生懸命作った米はやっぱりうまいぞ、自分で植えた苗が稲穂に育つのは感動するな、とそういう方向に時代が既に動き始めているわけです。松山ケンイチさんや山田孝之さんの記事を拝見して、そう感じましたね。

堤　私も読みました！　山田孝之さんが実践しているのは、菌ちゃん先生こと、長崎の吉田俊道さんが指導している「菌ちゃん農法」。実は菌ちゃん先生は、私が「食が壊れる」で取材して、その考え方にとても感動した方の一人なんです。

近代化の名の下に、農業を単なる食の生産手段として技術論でしか考えてこなかったこれまでの発想と180度違う。微生物の視点から考えるので、農法といっても、必然的に農業の外にまで広がってみてゆくことになるんですよ。周りの生き物たちや、森や、水や、太陽や、私たち人間の生活スタイルに価値観、共同体の中でのつながりや助け合い、コロナウィルスとの付き合い方まで、全てを循環の一部として考えている、まさに縄文時代の日本人が持っていた感性を思い出すことになる不思議な農法です。

山田孝之さんが農法を伝承してもらっている二人の師匠が、菌ちゃん先生ともう一人、在来種のタネを守っている野口のタネの野口さん。循環の輪の中に生きる視点で捉える日本本来の「農」と「在来種のタネ」、まさに今私たちが話していた二つ、ドンピシャでしょう？

もっと若い世代は、変に新自由主義や効率主義に脳が染まっていない分、お金が全てという世界の息苦しさ、生きづらさをストレートに感じて、その外に出ようとしていると思います。放牧した牛のミルクでお菓子を作る北海道の企業の社長さんを取材した時も、今高齢者が次々に畜産をやめる一方で、若い新規農業者が入ってくる、ただし、より自然に近い「放牧」の方に、と言っていました。

30代～40代の農業に対する意識の変化

藤井　僕らが『表現者クライテリオン』やその他の言論活動を通じて細々と訴えてきたことと、若い世代が素朴に感じている「米くらい、自分たちが作ったものを食べたいよね」「田舎は物々交換ができるから経済性がすべてではないよね」というような感覚とが、共闘できる状況になってきたのではないかと思うのです。

それで思い出したのですが、とある女子高の生徒が、僕に手紙をくれたんです。「『総合的な学習』の一環でいろいろと調べていたら、藤井先生の論調に辿り着いた。これで、普段新聞やニュースを見て持っていた認識がすべて間違っていて、天と地が逆になるような衝撃を受けた。ぜひ研究のためにインタビューさせてください」と。

堤　自分の頭で考えて、自分の手で調べたら、藤井先生の論説に辿り着いて、そこで価値観がひっくり返っちゃった。それ最高ですね！　他県からですか？

藤井　「京都まで行きます」と書いてあったから、「遠くて大変じゃないの？」と言ったら、どうも学校から活動費用が出るらしいんですね。それで京大の研究室で彼女たちの取材を受けたのですが、その後、研究内容を見た先生からも連絡があり、「素晴らしい内容だったから、県を挙げてこの教育を広めたい」とおっしゃってくださった。先生も30代か40代手前の世代の方です。

堤　いい話ですねぇ。国を思う藤井先生がせっせと蒔いた種が、一人の高校生の違和感のアンテナをキャッチしてその子の世界を見る目を変えた。それが今度は学校の先生の中にある何かをつき動かして、世代を超えてさざ波のように広がってゆく……。

こういう話を聞くと、「教育」というものが本来持っているすごい力に、改めて希望を感じます。

藤井　これからはこういう若い世代が、時代を変えていくのだろうなと本当に心強く、希望が持てました。ジイサン世代がいくら口角泡を飛ばして「構造改革だ」「生産性を上げろ」と言っても、実際には多くの若い人たちの心には全く響いていない。それよりも、「農業が大事だ」「自分たちの食べるものくらい自分たちでつくらなきゃだめだ」という価値観を重視する動きが始まりつつある。

もちろん、「ＳＤＧｓ」なんていう言葉を振り回してるだけじゃ、結局はそんな善意が全て「農業メジャーのビジネス」やビル・ゲイツ等の「グローバル企業のビジネス」に利用されたり、日本でも若い世代が、政府を極限にまで小さくしてあらゆるものを自由化、民営化し、新自由主義を推進しようとする「維新の会」に取り込まれたりしているので、全く楽観できる状況ではありません。この先も厳しい状況は続くのだと思います。しかしわずかでも光が見えはじめたことは、希望ですよね。

堤　もちろんです。藤井先生のおかげで世界が変わった高校生のように、まっすぐで本質を見抜く世代に手渡していけば、必ず変わっていきますから。彼女たちと先生をそこまで強く動かしたのは、発信した藤井先生の志の深さと自国への愛をもって〈怒れるおじさん〉の情熱でしょう。

その力は、今だけカネだけ自分だけの口先キャンペーンとはまるで比になりません。人間から人間に伝わるものだからこそ、一瞬で、本質に戻すことができるんです。

「今治市食と農のまちづくり条例」

堤　さっきの話に出たように、今日本全国で、地方の生産者さんと行政、学校なんかが連携して、「循環」を念頭に置いた独自の取組みを実践するケースが増えているんですが、そうやって地方で条例を作ることで、「地方自治」にも、素晴らしい変化が起きているんです。

例えば、みかんが有名な愛媛県今治市の作った、「今治市食と農のまちづくり条例」を紹介させて下さい。これがかなりいい内容なので、ぜひ全文を読んでいただきたいのですが、第3条の「基本理念」だけ読みますね。こんな風に書かれています。

〈第3条　食と農のまちづくりは、地域の食文化と伝統を重んじ、地域資源を活かした地産地消を推進することにより、食料自給率の向上と、安全で安定的な食料供給体制の確立を図るものでなければならない。

２　食と農のまちづくりは、食を活用することにより、市の産業全体が発展し、食と農林水産業の重要性が市民に理解され、家庭及び地域において食育が実践されるように行われなければならない。

３　農林水産業は、農地、森林、漁場、水その他の資源と担い手が確保されるとともに、生態系に配慮した自然循環機能が維持増進され、かつ、持続的な発展が図られなければならない。

４　農山漁村は、多面的機能を活用した生産、生活及び交流の場として調和が図られなければならない〉

藤井　これは素晴らしいですね。

堤　素晴らしいでしょう。さらにすごいのは、単なる理念で終わらせないために、具体的に細部まで作り込んでいるんです。例を挙げると、何をもって「有機」とするのか、遺伝子組み換え作物についてはどう線引きすべきかも、条例できっちり定めているんですね。

少し長いですが、こちらも大事なので引用しますね。

〈第9条　市は、基本理念にのっとり安全な食料の生産を促進するため、有機農業及び持続性の高い農業生産方式の導入の促進に関する法律（平成11年法律第110号）第2条に規定する持続性の高い農業生産方式を推進する。

2　市は、有機農産物及び持続性の高い農業生産方式によって生産される農産物の生産の振興及び消費の拡大を図るために必要な措置を講ずるものとする〉

〈第10条　市内における遺伝子組換え作物の栽培状況を把握し、遺伝子組換え作物と有機農産物又は一般の農産物の混入、交雑等を防止するとともに、交雑を受けた農産物が種苗法（平成10年法律第83号）による権利侵害に係る混乱を防止するため、市内において遺伝子組換え作物を栽培しようとする者は、あらかじめ、市長の定める事項を記載又は添付して市長に栽培の申請をし、許可を得なければならない。

2　前項の規定は、遺伝子組換え生物等の使用等の規制による生物の多様性の確保に関する法律第2条第6項に規定する第2種使用等であるものについては、適用しない。

3　市長は、第1項の申請を受理した場合は、第28条第1項に規定する今治市食と農のまちづくり委員会の意見を聴かなければならない〉

私はこの条例を知った時に、本当に感動しました。マーケットがいくら巨大化しても、政府にネグレクトされていたとしても、地方の住民たちは、ちゃんと自分たちの未来を描いて、それを実現するためのプロセスに参加して、条例によって農業も経済も共同体も守ることができるんだ、と。

いってみれば、新自由主義に染まった中央政府が、ここまで切り捨てと画一化を加速させてきた当然の帰結として、〈地方自治〉という、普段耳慣れないこの言葉が、リアルな存在感を持って浮かび上がってきたのでしょう。

藤井　地方の力が、日本を救う。

堤　はい。選挙ポスターの文言みたい（笑）、それがまさに今、日本全国各地で静かに、立ち上がり始めているんです。危機を脱するための潜在的な力が、地方にはまだまだたくさん眠っている証拠ですね。なにせ日本は縦に長くて、北は北海道、南は沖縄まで、47都道府県それぞれの特徴や特産品があり、多様性が保たれているでしょう？

画一化と違って、多様性の特徴は、いざという時にさまざまな方策の余地が残されていること。だから有事に強い。欧米のように大規模化、画一化することは、自然災害や気候変動に見舞われると、一気に全滅する可能性が高くなるけれど、災害大国の日本には、元々レジリエンスの精神が社会に組み込まれていますよね。

四季折々の季節があり、それぞれの「ふるさと」に独自性があることも、グローバル有事の時代において、いわば最強の武器になるでしょう。

日本が、生馬の目を抜くような「グローバル企業の熾烈なマネーゲーム」の餌食にならないためには、むしろ今以上に多様性を強化するしかありません。

民族のアイデンティティとしての「農」の価値を思い出し、もう一度幸せな社会を取り戻すための最後の砦になるのは、「地方の力」だと私は強く信じています。「最適化」の対極から小さくやっていくことが、結果的に大きな果実を生む。〈急がば回れ〉の精神ですね。


これは実はヨーロッパでも起こり始めていて、行きすぎた強欲グローバリズムに反旗を翻した、ヨーロッパの農家たちの合言葉はこうです。「ローカル化しかない」。

現在、欧州やインドなどを中心に「ローカル化」が世界的なムーブメントとなって拡大しているのをご存じですか？　実は私も数年前から登壇している多国籍イベントがあって、２０２１年はオーストラリア、２０２２年は韓国、２０２３年はイギリスと、毎年違う国でやるんです。

２０２２年夏にはイギリスでドキュメンタリー映画も制作されて、私も一部出演しています。これはYouTubeでも見られますよ。

去年は英国のブリストルで67カ国から集まって、１週間かけて毎日代表者のプレゼンとグループディスカッションが行われました。私はデジタルファシズムと脱炭素ビジネス、多様性と地方の力について、２種類のプレゼンをしたんですが、かなり反響があって、終わった後色々な国の参加者から話しかけられました。

アフリカから来た登壇者は、日本の縄文文化を研究していて、日本人の、多様な自然と共生し、私利私欲より和を貴ぶ精神性が、自分たちが大切にしているものと重なると言っておられましたよ。

最適化と対極にある地方自治は、画一化でなく分散が主流です。

小さく、顔が見える距離で、ありがとうが聞こえる範囲でやるからこそ、競争ではなく愛と慈しみがベースになる。そこにいるすべての人がみなそれぞれの役割を担って、一つの家族のように社会を創ってゆくことで、強くなっていくんですよね。

アフリカやネパール、インドの方々も、やはり「農村」が本来持つ機能について、熱く語っていました。

農と食、医がつながっていた日本を取り戻す

藤井　それで思い出しました。僕は政府のネグレクトを叱る一方で、民俗学者たちと研究をすることがあって、その中で「なるほどな」と思ったことがあるんです。

それは、ある民俗学者が、「限界集落」という名称にいら立っている、という話でした。都会の人間が勝手に「限界集落」と呼んでいるだけで、どんなド田舎で人が減っていても、それはそれなりに生活が回っているのだと。それを勝手に「限界」と呼ぶのはおかしいのではないか、という指摘です。

さらには、「地方はもうダメだ、発展せず衰退するだけだ」という人もいますが、これも間違いだと怒る人もいます。マクロ経済的な視点から見れば、確かにキャッシュフローは回っていないし、農業の担い手も減っている。それは課題ではあるのですが、意外なほど年寄り一人でも回っている地域や農家はあるのだというんです。

民俗学者の視点で言えば、「崩壊してしまった農村なんてほとんどない。日本の地方の農業はレジリエント、強靭性があるんだ」というのを聞いて、僕も「確かにそういうこと

もあるだろうな」と思いました。大きく儲けるということだけが基準の世界では「限界」でも、小さく、最小限に循環させていくという発想においては、むしろうまく行っている。

でも今、堤さんが紹介してくださったような地方の取組みを、政府の人間、中央や都会の人間が「そんな陳腐なことをいまさらやってもどうしようもないよ」と思いがちであることは事実です。「もう死ぬしかないよ」「無駄な抵抗」「いまさら必死になってどうするの」「コスパ悪いよ」などと、分かった風な口でバカにさえするかもしれない。

しかしどっこい、そう簡単には死なない。ある種の強靭性が、日本の地方の「農」には備わっているのではないかと。もちろん、デフレとグローバル化と中国の台頭という流れの中で日本自体が日々危うくなり続けている以上、楽観できる状況では全くないのは事実ですが、そういう状況だからこそ、むしろ最後の希望は地方の中にこそある、ということも言える。

堤　「限界」なんて言葉の暴力ですよね。物事はどこから見るかでその価値が１８０度変わるんですから、わかってない人たちには言わせとけ、やったもの勝ちです。その証拠に、今藤井先生がおっしゃった、日本の「農」が持つ強靭性は、地方自治を通して、他の分野にも反映されていますよ。

２０２２年7月に、財務省が「国民健康保険の高額医療費負担の廃止を検討します」と発表したのを覚えていますか？　ＳＮＳでは「とんでもない！」「弱者切り捨てか！」と怒りの投稿が拡散されていましたが、地方の反応はもっとシビアです。反対しても国はこれをゴリ押ししてくるだろう、と踏んで、先回りして対策を講じている地域もあるんですよ。例を挙げましょう。例えば長野県佐久市では、住民たちが自前で考えた、「病院にかからなくてもいいように、健康指数を底上げする」プロジェクトを実施しています。

これがなかなか面白くて、住民は持ち回りで2年間の任期の健康補導員を務めなければなりません。マンションの理事会みたいな感じですね。補導員になった2年間は健康や医療について毎週誰かの家で開かれる勉強会に参加して学びます。地元のお医者さんが来てレクチャーしてくれることもあるんですよ。

そうやって勉強しながら、補導員さんたちは地域のひとり暮らしの高齢者のところを回って、健康チェックをしたり、「もっと歩いたほうがいいですよ」とアドバイスをする。これによって、地域全体の健康指数が底上げされ、医療費が下がったんです。

実際、健康や医療に詳しくなった人は、家でも家族や子供と普段から健康に関する会話をするようになりますから、自然とみんなが自分の身体に関心を持つ、何よりの「予防医療」です。自然に情報が広まって、それと同時に健康も広がる。

健康の循環と言えるかもしれません。

藤井　たしかにそうですね。日本の医療は、現在は西洋医療を取り入れすぎていて、病気にかかってから対処するという方法が一般的になっていますが、本来は医食同源で、日々の食事や生活が自分の体、健康を作っているという考え方でした。つまり予防医学的発想であり、自然と「農」と「食」、「医」がつながっていたわけです。

健康に対する感度の高い西洋のベジタリアンも日本食を見習うといいます。一つの生態系の中で、ありがたく命をいただいて循環させ、自分も自然の一部として健康を保って人生を送るという循環が、自然とできていたんですよね。

堤　まさに、「医食住」ならぬ「医食農」ですね。この3つセットにグローバルメジャーが目をつけるのは、うんと儲かるからです。でも逆に、私たちは地方からこの三位一体を味方につけることができる。

低コストで大量生産した食品に保存料をたっぷりつけて、長距離の輸出で儲ける食ビジネスの副作用で出た健康被害によって薬の市場が生まれ儲けるビジネス。

これを逆流させましょう。

本来あるべき姿の「農」を軸にした、地域のタネから作る「循環型システム」が育む地産地消の食が、健康寿命を底上げする。そのプロセスの中で各地で進化する地方自治は、防災や環境、教育に至るまで、有事に強い多様性が活かされた社会を輝かせるでしょう。

その精神が遺伝子に刻まれている私たち日本人なら、きっとできるはずです。

第5章
「最適化」に抗うために

中学生のころ、土に触れた生活体験

藤井　これまで堤さんは政府の「嘘」やデジタル化の罠、パンデミックや災害などのパニックに乗じて国民統制を強める政府や大企業によるショック・ドクトリンなど、幅広いテーマを取材されています。２０２４年の今、「農」について取材・執筆しようとお考えになった動機は何だったんですか。

堤　「農」については『(株)貧困大国アメリカ』（岩波新書）という本で、米国と世界の伝統的な食と農を、巨大化した金融業界と米アグリビジネスのタッグが、容赦なく飲み込んでいく様子を取材したのが、最初でした。

工業化した畜産によって農業が全米最大の水質汚染源に変えられ、垂直統合が生み出した石油に次ぐ規模のカルテルが〈製薬メジャー〉と結びついて、新たな〈戦略兵器〉になった。

これを知った時、人類に仕掛けられたこの〈最終戦争〉に対抗する手段は何だろう？　と考え始めたんです。

さきほど藤井先生と論じてきた、歪んだ最適化を経済に起用した先にある、ディストピアの対局にある価値観とは何か？　と。

藤井　国際ジャーナリストとして世界各国を取材されてきた中で、かえって日本を再発見されたようなところもあるんでしょうね。日本の農業と言えば、「農業政策」や「貿易関税」の話ばかりが主流だった中で、堤さんが日本人の文化や習俗、心の在り方、精神というものを感じ取れたのはなぜでしょうか。

堤　私が最後に勤めていた金融業界は、まさにファーストフード文化そのものでした。常に速いスピードで進み、「時は金なり」とばかりに時間がお金に換算される世界。プロセスよりも結果が重視され、立ち止まるすきを与えてくれません。

ＮＧＯにいた時と比べて給与は高く、ランチもお金を出せば、板前さんがその場で握ってくれる美味しいお寿司を食べることもできる。でもそれをパソコンの前で食べるトレーダーたちの目は株価チャートに釘付けで、10分もしないうちに食べ終わってしまうんです。時間がもったいないからと、片手でマウスを動かしながら反対の手でサンドイッチを齧る同僚も多かったし。「効率よく健康になれるよ」とアメリカ人の同僚が教えてくれたメニューは、大豆バーガーやプロテインドリンクですよ。

留学当時は、そういうある種アメリカ的な環境が刺激的に思えていたけれど、だんだん「なんかおかしくない？」と違和感を抱くようになったんです。

身体の方が正直だから消化器もしっかりおかしくなって、帰国して病院に行ったら安倍総理と同じ「難病」でした。

普通の病院から栄養サプリから、ありとあらゆるものを試してもダメで、最後にたまたま出会った大阪にある漢方のお医者様に言われたんです。

「自分でバランスを滅茶苦茶にした身体の秩序を、外からいくらコントロールしようとしてもダメだ。腸は土壌とおんなじで、本来完璧なバランスを持っているのだから、まずは謙虚になりなさい」と。出会い頭に、頭をハリセンで叩かれたような衝撃でした。

その治療の中で土壌に惹かれて取材を始めたら、自国の「農」に象徴される、日本人が持つ文化や精神性に行き着いたんです。

そこで土に触った記憶が蘇ったのが、母校での体験でした。

多様性や主体性を重視する教育をする学校なんですが、中学2年生になると、秋田の農家に泊まりこんで朝から晩まで農作業をするというプログラムがあったんですよ。

藤井　それはいい学校ですね！　僕も子供のころ、そういうのホント、やってみたかったです。

堤　ええと、その当時は結構嫌で……（笑）。でも強制ですからいやいや行くじゃないですか。それで毎日、土に触れてみみずに悲鳴をあげたり足首まで田んぼに浸かったりして、夜は農家の家族と一緒にきりたんぽ鍋なんかを食べるんですね。

疲労困憊して初めて食べたきりたんぽ、何て美味しいんだろうと感激したのを覚えています。

私の班が泊まった先の農家は、特別栽培米を作っていたりとこだわりがあって、土や田んぼの中のいろんな生き物の役割を教えてくれたんですね。今思えば、あの農業体験を通して、日本人が自然や他のいのちに対して持つ、畏怖の気持ちのような精神性の部分を子供ながらに何となく感じていたんだと思います。

藤井　子どもころの体験は本当に重要ですよ。僕が生まれたのは奈良県生駒市で、都会にも田舎にも近いところだったんですが、生駒山が大阪の都市からエネルギーを遮断してくれていたんですね。

万葉集の「ちはやぶる　神代も聞かず　竜田川」の歌で有名な竜田川の近くに生まれて、エビ捕まえたり魚釣ったりして15歳までそこで暮らしていました。農業こそしませんでしたが、その経験が今の僕自身の自然に対する認識や、研究、言論活動の重大な、それも最も重大といっていいくらいに重大な基盤を与えてくれています。

堤　そんな多感な年齢まで、藤井先生はエビを捕まえて魚を釣っていたんですか？　最高ですね！　自然に懐かれている感じって、体験しないとわからないですもん。

でもそうやって身体で体感すると、知らない間に自分の一部になっていて、世界を見る眼差しを変えてしまう。

藤井先生の中でそれが良い形で発酵して、最適化への違和感をアカデミズムの切り口から掘り下げた論説が、高校生たちに新しい窓を開いたという一連の流れには、本当に感銘を受けずにいられません。

「害虫」と言われるような虫たちにも役割がある

堤　3年掛けた『食が壊れる』（文春新書）で「農」を取材した時、そういう類の驚きと発見が次々にあって本当に楽しかったんですね。

牛や豚や鶏、海や畑と毎日会話する生産者の方々とお会いして、アメリカで感じていた違和感が解けてゆくようでした。

いつもは目を向けない土の中に、どれだけ多様性に富んだ、豊かな世界が広がっているかを知って感動したり。

全ての生き物に役割がある世界を見せられた時、画一化を是とし常に競争を強いる潮流の中で自分がどんなに息苦しかったか、改めて気づかされたんです。

ああそうだ、全ての生き物に役割があるんだった。そういえば、中学生の時に農作業合宿でも同じことを教えられたなあ、と。

藤井　ミミズやアリ、ともすれば「害虫」と言われるような虫たちにも役割がありますからね。

堤　そうなんですよ！　まさにその「害虫」についてのステレオタイプが、この取材でことごとく壊されたんです。

90年代後半に減農薬運動を一気に加速させた「虫見板」という農具をご存知ですか？　一見何て事はない普通の板で、稲の横に置いて反対側から叩くとパラパラと虫が落ちてくるんです。それを見て、稲作に役立つ「益虫」と被害を出す「害虫」を見極めるんですけど、ここには、そのどちらでもない「ただの虫」がいるんですね。

でも実はこの「ただの虫」たちも、田んぼの生態系の中では大切なメンバーで、一つでも欠けるとバランスが壊れてしまうんです。
田んぼに漬けた足首にまとわりつくオタマジャクシも、水底のタニシも、頭上をゆらゆら舞うトンボも、いなくていい生き物は一つもない。

藤井　いわゆる調和のある有機的な生態系、つまりエコシステムというものを、理屈や概念としてではなく、土いじりを通じてリアルに身体的に感じられたと。哲学的に言うと「ゲシュタルト」というか、「全体の形質」というか、全体を全体としてとらえ、土もそのエコシステムとしてとらえることができたのは、そうした体験に基づいているんですね。

堤　はい、ウォール街にいた頃の感覚だったら、いかに効率的に害虫だけ駆除するか、ということで、ドローンで地域全体にまとめて殺虫剤を撒く発想になると思います。ところがこの「虫見板」が、近代化した後の日本の「農」に大きな衝撃を与えた理由の二つ目は、板に落ちてくる虫たちが畑ごとに違っていたことの発見でした。
たとえ隣り合っていても、一枚一枚の田んぼの中にいる虫たちの数も密度も違うということが明らかになったんです。西洋的な発想で同じ薬を一気に撒けばいいという訳じゃない。

近代化を方針とする行政の農業指導員のやり方に「違和感」を感じていた農家にとっては、「毎日畑に触れている俺たちはこんな当たり前のこと、とっくに知ってたけどね」という感じでしょうが、農が工業製品と全く違うことを、いともシンプルにわかりやすく証明して見せたのが一見何の変哲もないこの「虫見板」でした。

こうして稲作を取材していた時に、私の中でカチッと音を立ててつながったのが、母校の小学校でした。あの時の教室が、まさにこれと同じだったからです。スポーツが得意な子、歌や楽器が得意な子、数学が得意な子、絵が上手い子、自閉症の子に聾唖の子、車椅子の子にハーフの子、陽気な子に陰気な子、皮肉屋に無口にモテる子にアニメオタク……。

まるで微生物の世界のように、それぞれが教室の中で居心地の良い場所、落ち着く場所、何らかの役割を果たせる場所を、砂場の砂をかき分けるようにして作っていました。制服もなくて、先生はみんなの個性を伸ばすことに命をかけている感じ（笑）。指名されて「○○ちゃんと同じ」なんて言うと叱られるんですよ。

藤井　なるほど、そんな事言うと、「何も考えてへんな、インプットしてきたものをただアウトプットしているだけじゃないのか」っていう趣旨でたしなめられるわけですね

（笑）。でも今はもう、そういう方向は正反対の何も考えない「コピーマシン」みたいな人が増えてますよね……。

堤　そうそう。前に大学生の子に、「未果さん今は逆ですよ。『空気』を読んで目立たないようにした方が叩かれないし安全で楽なんです」って言われましたけど、私の母校では〈恥〉扱いなんで、そんなことを口にしたら、多分入学の面接で落とされますね。

和光学園では、一つのことを生徒たちがあらゆる方向から意見を出し合って、しょっちゅう長時間議論するので……。

そう考えると、今人類が「食と農のゲシュタルト崩壊」に直面していることへのアンチテーゼを、自分の本のテーマにしたのは、やっぱりあの14歳の時に、「田んぼの中に小さな宇宙がある」ことを体感したことから来ているのではと、思えてなりません。

比較優位論のバカバカしさ

堤　『㈱貧困大国アメリカ』を世に出してから、新自由主義の行き着く先は、すべて画一化することによって一つの巨大な市場と化した世界だ、と考えていました。

そういう意味では、中国とアメリカを、歴史のある時点でウォール街が結びつけたのも、当然の帰結でしょう。

けれどそれは強欲資本主義、優生思想に基づいて、最適化の波に飲み込まれた世界秩序を、一握りの人が動かしていくディストピアです。

人間が自然の上に立ち、他のすべての命を管理する、この傲慢さに抗うもう一つの道のキーワードはたった一つ、〈多様性〉しかありません。

そこには、効率的でないもの、弱いものにも何らかの役割があって、無駄なものは一つもない。これは実は強さにもつながっています。

歴史的にも有事には多様性が社会の危機を救ったケースが多いですよね。

藤井　まさにそうですね。普段は役に立っていないものが、有事にはものすごく活躍したりする。だから一定程度、一見「無駄」と思われるようなものをたくさん持っている社会が、危機に強い強靭な社会になる。

何より単一規格だったら平時には効率的でうまくいくことでも、ちょっと条件が変わったら全く使えない、役に立たないということはあります。特にデジタルなものはそうで、普段は効率的でも、一つ条件が変われば「アップデートに対応できません」と、途端に動かなくなる。農業も社会も、常に、第二の道、第三の道がないといけない。
例えば国土の多様性で言えば、日本は北海道から九州、沖縄まであり、さまざまな農作物が作られ、産業も発展しています。これを「単一化」してしまえば一時的に効率化は図れるかもしれませんが、その産業が衰退すれば、日本全体は瞬く間に衰退し、挙げ句に滅び去ってしまうこととなりかねない。

堤　よくわかります。かつて19世紀のアイルランドでも、同じ種類のジャガイモばかり大量に作っていたら疫病にやられて多くの餓死者を出したことがありましたよね。
それでいうと、全国各地で畑の状況も名産品も違う日本で、共通の農業指導をしていたこと自体が、相当不自然なことをしていたように思えます。

藤井　経済学はこの辺りをカバーしきれていません。例えばグローバリズムを理論的に正当化する経済学のリカードモデルの比較優位という話がありますが、これは多様性とは全く逆行したモデルです。
リカードモデルでは例えばA国とB国がそれぞれ様々な産業を振興しているという場合、効率性で考えればA国は工業のみ、B国は農業のみ行って、貿易をすればいい、と考えます。一つの産業に専念することで、A国は工業がより得意になり効率化も図れる。B

国は農業のみに注力すればいいので、こちらもレベルが上がる。双方ともレベルが上がるので、社会全体のレベルが向上する。これを「比較優位」というのですが、バカじゃないかという話です。

堤　これって、ＴＰＰ推進派がよく根拠に出していた理論ですよね。おっしゃる通り、ツッコミどころが満載で、聞いていて浮かんだのは〈専門バカ〉という言葉です。

リカードの〈比較優位論〉には〈政治〉という魑魅魍魎な要素や、実体経済と乖離した〈金融〉の存在が抜け落ちているので、有事に破綻する非現実的なロジックですよね。

そもそも〈平時の物々交換と民主的貿易〉が前提なので、政治による規制力を抑え込んでコモンズや民主主義を次々に解体してゆく〈グローバル資本主義〉には適用できません。

ずるいなと思うのは、人間の行動を扱う経済学って本来いろいろな要素が絡み合う〈社会科学〉ですよね？　それを、あたかも効率や一つの方式でピタッと解決する〈自然科学〉のように主張するから、実体経済と矛盾しておかしくなる。

コロナ禍で亡くなったシカゴ派のミルトン・フリードマン博士もそうでした。彼は原理主義者でしたけどね。

リーマンショックが起きた時、英国でエリザベス女王に「何でこれを予測できなかったのか?」と聞かれた経済学者たちは、誰も答えられませんでした。〈グローバル経済学〉だなどと言っていましたけど、結局は全体を見ていなかったからですよ。

藤井 ホントそうですよね。もちろん、哲学的な思考を含めて経済学というものを理解したり、議論している人もたくさんいらっしゃいますし、論理として「比較優位」を提唱して、思考実験するだけならそれはそれで構わない。しかしまっとうな常識さえあれば、その視点だけから考えていては多くの場合で「現実」から乖離するなんてことはいとも容易く理解できる筈です。

もしA国が災害や戦争に見舞われれば、B国は工業製品を入手できなくなる。B国が崩壊したら、A国は食べるものがなくなる。平時はいいかもしれませんが、非常時はとてつもなく脆弱なモデルなんですから。

単一化・自由貿易化を叫ぶ学者や政治家は、もはや「害」

堤 その矛盾を、世界中が一緒に体感してしまったのが、コロナパンデミックや脱炭素政策、ウクライナ紛争の時のエネルギー問題でしたね。効率を追求し、フリーハンドの自由貿易と生産性に価値を置いてきた、比較優位論の成れの果てです。ひとたび有事になれば、画一化によって、多様性を壊してきたツケが、津波のように襲ってくる。

ここでタチが悪いのは、こうしたカオスは金融業界では利益最大化のチャンスになるということです。コロナで、ウクライナ戦争で、脱炭素で笑いがとまらないのは誰かを考えればわかりますよね？

いまだに〈比較優位論〉を根拠にする経済学者たちは、今や国家の〈経済破綻〉すら、金融化された超有望投資商品と化しているという現実を認識していないか、でなければ確信犯でしょう。

こういう話になるたびに、私が繰り返し思い出すのは、「経済学には2種類ある」という、故宇沢弘文先生の言葉です。人間を幸福にする経済と、そうでないものと。

そもそも、「生命の在り方」が抜け落ちている経済理論が人間社会を論じることの、どこに意義や持続可能性があるでしょう？

藤井　おっしゃる通りです。

堤　そういう意味では、やはりこの潮流に抗う時に目を向けるべきは、つぎはぎだらけのこの理論に最も相容れない「農」という分野だと思います。

世界の土壌や生物多様性、伝統的な農とその共同体に対して、この経済的価値観で人間がやってきたことの数々を見ると、「ゲシュタルト崩壊」で、自由貿易どころか地球そのものを消滅の危機に晒しているんですから。この後に及んで、まだ単一化・自由貿易化を叫ぶ学者や政治家は、もはや「害」と言わざるを得ません。

例えば最近、環境問題の解決策として脱資本主義と脱成長、つまり今こそコミュニズム(共産主義)だ！　などと主張する若い学者も出てきましたが、すでにこの分野が金融化され、グローバル企業群の利権と国家間のパワーゲームに利用されている事実を見なければ、そちらの手の平で転がされるだけでしょう。

アル・ゴア米上院議員や、10兆ドルの資産を動かし米政府第四支部の異名を持つブラックロック社が推進する環境保護と、「公害」という言葉を日本に定着させ、徹底した現場主義・当事者目線を貫く環境経済学の大御所でおられる宮本憲一先生が提言するものとでは、その意味が全く違うからです。

先生のゼミで「フードテックと農」をめぐる世界と日本の現状についてお話しさせて頂く機会があったのですが、グローバル化が進み、あらゆる分野が網の目のように相互に作用し合うようになった今、全体を俯瞰できない学術理論は、一見正しいようでも必ず行き詰まることを、宮本先生は見抜かれていました。

グローバル企業側からすると、「頭で考える理想主義」ほどマーケティングを仕かけやすいターゲットはありません。広告の世界で、女性、子ども、動物は受け手の心を開かせる必須アイテムですが、２０００年以降はここに、人権、平等、平和、環境、民主主義に性的マイノリティや移民の権利が加えられました。最近ではコロナ禍で「公衆衛生」も。

どれも善意や倫理ですから正しさは一つだけ、「環境は大事、でも……」という反論をさせづらくするので、政治やグローバルビジネスに有効に働くんです。

環境保護はエネルギー問題と直結するので、背景にある国同士の関係、政治の力学が動かしてゆきますよね。だから、環境のためにエアコンを消すのもいいですが、実はそれを呼びかける自国政府が予算につける優先順位や、政策決定のやり方など、政治そのものを変えてゆく方が重要でしょう。

藤井　環境が大切なのは自明だと思いますが、日本は好むと好まざるとにかかわらず、中国やアメリカと競争させられている状態にあります。その中で、他国は環境に配慮せずにやり放題、日本は極限まで環境に配慮するということになれば、少なくとも短期的には日本は競争に勝てず、長期的にも国力に差がついて、最終的には資本主義的侵略、つまり日本の資本があらかた買収されて、実質的な植民地になってしまう。

温暖化ガスの排出量の削減目標を達成するか否かという意味においてのみの「環境重視」、つまり環境のみに基準を画一化して、国策として日本だけが本気で邁進するとなれば、少なくともその意味において日本は「お人好しのお馬鹿さん」ということになりますよね。

堤 はい、なりますね……。今藤井先生がおっしゃった「基準そのものが画一化されている」というご指摘はものすごく重要で、そのことのバカバカしさに、みな気づいているからこそ、毎回COPで国家間のコンセンサスはうまくいかないし、どこの政府も実は結構適当にやっています。

トランプさんは「あの中国がフリーハンドのままの設定でやってられるか！」とCOPをさっさと抜けて、バイデンさんは就任して即また戻りました。

でも両者共、米軍が出す二酸化炭素は免責だという事実には、決して触れません。

一方的に政府が強いる脱炭素政策で、EUは経済も社会も大混乱になり、農民一揆が起きているのは何故か？　こちらを見る必要があるのです。

最新技術より原点回帰であることの意味

堤　海の生態系と食料供給を守ると謳われる日本のゲノム編集の陸上養殖推進政策に、国内外の環境団体から多くの懸念が寄せられていることは知られていません。

東京都が新築家屋に設置を義務化した太陽光パネルが、能登地震で潰れた家屋の間で大量の有害危険物と化している事実は無視されています。

環境保護のために徒歩圏内で生活するという15分都市では、追加費用を払える富裕層のみ移動の自由が与えられる。

何かがおかしいですよね？

つまり一番の問題は、科学的矛盾より利権より、本来多様な意見を許容するはずの民主的社会が、先ほどの「基準の画一化」によって、異論を許さない場所にシフトしていることなんです。

温室効果ガスを抑え込むなら、排出権売買や15分都市よりも、強力な抑制機能を持っている土壌の力を元に戻す方が、よほど現実的で持続可能ですが、これは、地球全体を生態系として捉える視点がないと、絶対にうまくいきません。

農水省が、「農の多面的機能を活かすべき」と言う一方で、稲作の労働時間短縮を絶賛しているという矛盾も、そこに「生産性」以外の基準がないからでしょう。

環境保護は技術化すればいいというものでなく、社会化して初めて守られるもの。

そのことを改めて確信させてくれたのは、取材を通して触れた、この国の伝統的な「農」が持つ世界観でした。

アメリカから帰国した私の心を癒した、田園風景の中の赤とんぼたちは、田んぼがなければ生きられない。あの景観を創り出してきたのは、現場で自然と人間の関係を体感している農家の方々の日々の営みと、それを愛でる感性だったのです。

「脱炭素のためにこうしなさい」と、行政が方法論だけ押し付けてもうまくいかないのは、本来「農」は人間の暮らしの土台そのものだからでしょう。

なぜ農業はマニュアル化できないか？

〈先祖代々、太陽や土や風を感じながら編み出してきたノウハウを、デジタル化して規格化すれば人間はもう飢えることがない。アプリ画面に表示される順番に沿ってロボットが作付けし、決められた時間に水や肥料をやり収穫すれば、世界中どこでも効率的に予測可

能な食料生産ができる〉

ビッグテックや食メジャーはそう言いますが、数値化できない感覚は、全て失われてしまうのです。

実は私が締め切り前の一番集中したい時期にかける音源の一つが、「田んぼの自然音」なんです。

蛙たちの合唱にひぐらしの声、時折猫がニャアと鳴くんですけど、これがすごく癒されるんですね。

この話を去年英国のブリストルでした時、イギリスやフランスやアメリカやカナダなど、先進国の参加者たちはジョークだと受け止めて笑っていましたが、先住民族の人たちは皆大真面目にうなずいていました。彼らは今、アグロエコロジーという新しい潮流を広げています。

赤字の田んぼや森林は、経済的にマイナスだから売ってしまった方がいい、棚田など観光以外に利用価値がない、という今時のインフルエンサーたちは、自然環境や文化やふるさとの景観がもたらすものの価値が、全く見えていません。

「食料安全保障と農」について議論される時、「生産性」という言葉の定義が、決して

「収量」だけにとどまらないことを、私たちはもう一度思い出す必要があるでしょう。グローバル化した世界の中で、比較優位論がなぜ機能しないのか、環境や防災や食料安全保障など、今直面する危機を解決する道が、最新技術より原点回帰であることの意味を。

食メジャーによる猛烈なリベンジ

藤井　今後、国際社会は多極化するのか、あるいは単一化が進むのか。これは農業に限った話ではありませんが、歴史の流れを見れば、国際社会は大きな戦争をきっかけに、秩序を組み替えてきました。第一次世界大戦、第二次世界大戦を経て、現在の世界は遂に、第三次世界大戦の様相を呈し始めた、と言っても過言ではない。

西洋は第二次大戦後の国際社会で先頭を走ってきましたが、「第三次世界大戦」後の秩序においては、東洋の後塵を拝することになる可能性があります。日本にとって、大国化した中国は脅威でもありますが、「西洋化」に対抗する大きな流れの中では、一口に「脅威」で済ませていいものではなくなるかもしれません。

アジアの成長株は中国だけではありません。現在は「グローバルサウスのトップランナー」という位置づけですが、インドも世界一の人口を誇り、国力を高めてきています。

第2章でも触れましたが、こうした国々が、「農」や「自然」という軸を保ちながら伸びてくると、西洋社会に偏重していたあらゆる領域のパワーバランスが回復する可能性があります。これは日本にとっては、決して悪い兆候ばかりでもないのかもしれない。中国の共産主義は非常に設計主義的で、非人間的なものですが、「農」については人間本来の営みがまだまだ息づいている……。それは日本にとっても、学ぶべき姿勢に他ならない。

日本がこのまま緊縮主義を続けていけば、確実に日本はダメになっていきますが、東アジアが重要な役割を世界の新秩序形成において担うとすれば、その時に「農」というものの重要度が高まる形で、秩序が形成される可能性も出てこないとも限らない。

堤　ええ、そこに希望がありますね。おっしゃる通り、人間の歴史を見てみると、いつの世でも、危機とチャンスは同じコインの表と裏で、私たちは今、本当に過渡期にいると思います。日本の「農」にとって、西洋とは違う「第二の道」「第三の道」を模索するインド、中国の存在は大きなカギになるでしょう。両国とも「大国」な上に、デジタルテクノロジーと伝統的な農が、今同時にスピードアップしている面白い地域ですから。
脱炭素キャンペーンによって、「食と農」に政治的な画一化の揺さぶりが掛けられるほどに、生産者だけでなく、私たち全員が、「農とは何か」を問われてゆく時代になるでしょう。

国連でも振り子のように、大きな揺れが続いています。

かつて、農業の多様性、地域主権力を見直そうという論調が主流になった時期があったでしょう？　2007年から2008年にかけての、世界食料危機の頃です。

旱魃や原油の高騰で穀物価格が高騰した、というのが表向きの理由でしたが、第2章でも出てきたように、その実体は食料「不足」でなく穀物の先物取引による価格高騰と、バイオ燃料の材料に回ってしまった偏りが原因で、実際、先進国から食べ物がなくなるような危機には、なりませんでした。

藤井　「地球にやさしいバイオ燃料」と言って、アフリカの人が1年間に食べる量のトウモロコシで、わずか1リットルの燃料を作って「食料危機」なんて言っているとしたら、その偽善性には吐き気がしますね。

堤　わかりやすい偽善ですよね。まあこの時はさすがにこれはひどすぎるとして「揺り戻し」が来ました。これまでの農業のあり方などを見直そうという機運が高まったんです。家族農家を守る、小規模農家を守るという宣言、いわばギアチェンジですね。

ただ、それでうんと儲けていた食メジャーは、当然面白くありません。「２００８年までは国連だって、法人化、生産性、自由貿易を是としていたじゃないか」、翻訳するとつまり「俺たちに都合のいい路線を指示していたじゃないか」と。
そこで猛烈なリベンジをして、巨額の費用を投じてロビー活動を展開し、主導権を奪い返したんです。前と同じものは出せないので、今度はＡＩとか、遺伝子組み換え２・０とか、農業アプリキャンペーンとか、新しいパッケージでの提案です。

藤井　そこで日本の「デジタル農業計画」みたいなものと重なるんですね。

堤　ええ、そういうことです。今度の新マーケットには、食メジャーと農業メジャーに加えて、ビッグテックも仲間入りして。
今アフリカではテクノロジーを使った「緑の革命２・０」が絶賛進行中です。でも根底にある歪んだ価値観は、今までと全く変わっていません。

近代の「農民大戦争」真っ最中

藤井　ここで大切なのは、いわば、人間が人間に戻るための戦いですよ。現代のニヒリズム（虚無主義）の中で、疎外され滅びゆく人間精神を回復するためにも、「農」は強力な、というよりもむしろ「最強」の要素であり武器だと思います。だからこそ、「農」というものそのものが、新しく世界秩序を形成する際の重要なキーワードになり得るものであり、かつ、そうせねばならないのだと思います。

我々は過剰なビジネス主義、拝金主義、効率主義に支配された資本主義を乗り越え、資本主義の有効性を最大限に活用しながらも、我々人間がこの世界の自然の中でいきているのだということを前提とした新しい世界秩序を作ることが必要です。そうでなければ、人類に明るい未来なんて絶対に訪れ得ない。だからこそ、「農」という要素を単なるビジネスとしてだけでなく、その「農」が持つ多面的な要素を全面的に認め直した上で、改めて「農」という要素を組み入れた新しい秩序をこの世界の中で作っていかなければならないのだと、思います。

堤　本当にそう思います。その新しい世界秩序が今までのものと全く違うのは、礎となる「農」が持つ多面的要素の一部に私たち自身も含まれていることですね。種として本来の場所に戻るわけですから、これは、必ずうまくいきます。

アフリカは外資にとって次の巨大利権である「アグリビジネス2・0」に席巻されまし

たが、それでも、広いアフリカ全土を覆うことはできませんでした。

「いいえ、結構です。僕らは今まで通り地域ベースで協同組合を中心にやっていく、その方がうまく回るんです」と断るような農村が、小さいながらもちゃんと存在して、成功しています。

ヨーロッパでも、先ほど少し触れましたが、アグロエコロジーという新しい概念が急速に広がっています。循環型で、農業も自然や環境全体の中の一つとして考えようという思想ですね。

「牛の数を30％減らせ」と命じられたオランダでは、「主権を取り返す」と農家が立ち上がりましたよ。これまで、どの畜産物、農産品をどのくらい作るかをすべて自分たちで決めて来たのに、「メタンガスが悪いから牛を減らせ」と急に上から言われて、「はいそうですか」と大人しく従えるか、と。

その反政府運動はどんどん拡大して、２０２３年3月には、何とオランダ州議会選挙に農民代表が出馬して、農民市民運動党（ＢＢＢ）が記録的な勝利を収めるという快挙を成し遂げてしまいました。

そうした〝反転攻勢〟の動きは、オランダのみならずイタリアやドイツやフランスなどどんどん広がっています。日本ではアメリカの食・農業メジャーが強いですが、あちらは、グローバル企業や金融業界と繋がりが深い欧州委員会が、あれこれ指示を出してくるんです。これに対して、各国がちょこちょこ反撃していますよ。
例えばイタリアは２０２３年に「現在流通している典型的なイタリア製品への昆虫粉の使用」を禁止する通達を出して、伝統食と自国の食料安全保障と多様性、消費者の選ぶ権利を守りました。
ヨーロッパでは、こうした食や農を巡る画一化への反発が起きていて、まさに近代の「農民大戦争」真っ最中なんです。

藤井　ドイツ農民戦争、っていうのが１５２４年に起きましたね。当時は封建的な領主から農民を解放しようという運動でしたが、今回は環境を盾に農家から主権を奪う政府や、グローバルメジャーに対しての戦争ですか。

堤　ええ、まさに主権です。何を、どう作るかを自分たちで選ぶ権利。その主権を奪われてしまったら、もはや自由のない奴隷と一緒だと。

藤井　食メジャーの指示通りに動くだけの、雇われ店長になってしまいますからね。

堤　その通り、そこで先祖代々の土地まで取り上げられたら、まさにコンビニ店長の出来上がりです。

都会に多く住むエニウェア族、地方に多いサムウェア族

藤井　西洋的発想では、第2章でも触れたように、「メタバースで現在の肉体や能力から切り離され、仮想空間で幸せに生きていけばいいじゃないか」ということが肯定され、人間のニヒリズム、虚無主義が蔓延していきます。アグリビジネスのグローバル企業たちも、欧米主導の自由貿易協定もそれを狙っている。その背後では、近代的西洋思想の権化としてのメタバースが象徴するニヒリズムの流れがある……。

「農」が解体されれば人間は自然と完全に分離させられ、無機質な存在になり、絶望を感じる。その当然の帰結として、「死に至る病」に侵されることになります。

堤　ええ、彼らはそのことを実によくわかっているんです。世界の農地をテクノロジーによって最適化しようとしているのは、「農」がもともと持っている性質が、実体のないメタバース的な世界と対極にあるからでしょう。だからこそ、農家から農地を一つ一つ奪っていく。私たちにその力を気付かせないために。

藤井　彼らの狙いがわかれば、対策も講じやすい。思想的には「認識」と「身体」という対比がありますが、この認識や思考というものと、身体での手触りというのは、本来コインの裏表であって、分離させられないものなんです。認識がなければ身体は動かないけれど、身体がなければ認識もなくなる。しかしメタバースは認識だけを重視し、身体を奪う。

同じように、効率化や最適化という概念だけのために、実体としての農地を奪っていく。

しかし人間が身体性を取り戻すことがレジリエンス（強靭化）であるように、日本の農業、もっと言えば経済も、新自由主義や経産省的認識論、あるいはデジタルだけを追うのではなく、身体性を取り戻さなければならない。国家を考える時に、国土を無視できないのと同じことです。

これはイギリスのジャーナリストであるデイヴィッド・グッドハートが論じて話題になった「エニウェア族（Anywheres）」と「サムウェア族（Somewheres）」の分類にもつながります。エニウェア族というのは、土地というものに全く頓着せず、抽象的近代的虚無的な空間の中で生きていこうとする人々です。一方で、サムウェア族というのは特定の国、つまり自国に根差し、その空間の中にある豊穣なあらゆるものと繋がりながら生きていこうとする人々です。

堤　グッドハートの理論では、知識層であるエニウェア族が住むのは東京、大阪、ロンドン、ニューヨーク……といった都市部で、サムウェア族は地方に多い。

グローバル企業と投資家、銀行家のようなエニウェア族が、コストカットで拡大した利益を自社株買いに回したことで、中間にいたサムウェア族も叩き落とされてきました。

株主・投資家であるエニウェア族は海の向こうのサムウェア族にシンパシーは感じませんから、土地だけでなく人々の暮らしも文化も伝統も共同体も、命や食の安全も、全ては数値化され金融化されて、ゲームの駒になる。

最も身体性から遠い金融という業界が巨大化した時から、エニウェア族とサムウェア族の分断と格差はひどくなっていきましたよね。

藤井先生は、「身体性」を失って頭でっかちになったこの都市部エリートに任せておくと、人類全体が危機に晒され、レジリエンスを失う、と？

藤井　そうですね。これはどういうことかというと、人間にはもともと認知と身体という二つの要素がありますが、近代以前は圧倒的に身体性が第一でしたが、近代社会はこの身体を軽視し、認知こそが人間の第一義だと考える思想イデオロギーが強まりました。

認知というのは空間を必要としません。知識や情報は本に載せることもできるし、現代ならインターネットで国境を越えて飛んでいく。コロナ禍で広まったように、実際に顔を合わせなくてもリモート会議までできるようになりました。

知識人、エリートと呼ばれるような人たちはもちろん、身体性を否定して認知を重んじる方に傾きます。「身体がなくなっても、認知がプログラム上に残っていたら、それは永遠に生きていることになるのではないか」なんておかしなことを本気で考え、啓蒙している人たちです。

堤　脳と機械を一体化させて、意識をアップロードすれば、肉体が死んでも永遠に生き続けられるという……なんとも凄まじいことになってきましたね（笑）。

２０１８年にネクトームと言うアメリカのベンチャー企業が、生きている人から取り出した脳を、長期冷凍保存しておいて、将来そこから記憶をコンピュータにアップロードするというＳＦちっくなサービスを発表した時、ひっくり返りそうな衝撃を受けたのを思い出します。

必要なのはデータだけなので脳を取り出した肉体はもう使えないんですよ。

これ、似たような研究を東大の大学院でもやってますが、身体性の否定を加速させている最大要素は、間違いなくテクノロジーの急激な進化です。

一部のエニウェア暴走族が暴れ回っている

堤　私がこの危機をはっきりと確信したきっかけの一つは、２０２１年に「行動先物市場」という言葉を知った時でした。

名付け親はハーバード大学のショシャナ・ズボフ名誉教授。世界中のユーザーと非対称の力と、蓄積された膨大な個人情報をもつ一握りのプラットフォーム企業群によって、私たちの認知までが商品になったことへの警告です。

ビッグテックは私たちの感情まで先回りして検知して認知を誘導できる。

自由意志で決めているつもりが、実は私に関する大量の個人情報の蓄積を使って道筋が作られているとしたら？

本来、五感＋直感という第六感で創られるはずの意思が、脳の認知機能が彼らに乗っ取られることで身体の方は置き去りになり、（それが企業であっても政府であっても）「アルゴリズム設計側」に主権を奪われてしまう。

これが、法整備が追いつかない仮想空間ですごいスピードで進んでいて、藤井先生の仰るような、「認知」が私物化され「身体性」が否定される世界へと向かっているのです。危険を感じた1000人を超える科学者たちが、AIの開発に待ったをかけたでしょう。

藤井　しかし身体は徹頭徹尾、空間を必要とします。その空間には土地も当然含まれ、その土地には雨が降ったり、風が吹いたり、日が照り付けたりという形で、必然的に自然とかかわることになります。となれば、環境や自然を重視し、その脅威も、恵みも意識せざるを得ないのですが、認知に偏り過ぎると、環境や自然、土地というものを軽視するようになっていきます。

人類は、元々全員がサムウェア族でした。身体性を片時も忘れることなく、認知と身体とのバランスを取り続けようとしてきた。生まれた土地で生き、死んでいく。当然ですが、身体を無視するような存在は、人類史上、近代にいたるまで地球上に一切存在しなかったんです。ところが近代になって、「知識社会」になり、「主知主義だ！」（感情や勇気は重要じゃない、知性だけが大事だ、という主義）とかなんとかいいながら、遂に現代では「情報社会」になったことで、身体性を無視し、認知だけを重んじるミュータントのような輩としてのエニウェア族が現れるようになったわけです。

堤　知性だけが大事で感情は重要じゃないと言うのはおかしな話ですよね。そういう人はビッグテックにとって最も容易いターゲットでしょう。私たち人間は、感情で物事を決める生き物で、ＡＩに感じる力はありませんが、ビッグデータを使って感情を操作するのは、技術的には簡単ですから。

藤井　エニウェア族、サムウェア族と対比させると、何か人類が大きく二分されているように感じられますが、実際にはほとんどがサムウェア族で、ごくごく一部の暴走したエニウェア族が暴れ回っているというのが実際のところです。そして今日に至っては、ＡＩやＩＯＴ化が進み、ますます強大な力を持ち始めている。

身体性を否定し始めた輩が何をやり出すかというと、土地の破壊であり、風土の破壊であり、環境の破壊です。しかし〝エニウェア暴走族〟とて、自分の身体がなければ、生きていくことはできない。

脳や意識をコンピュータ上に移植して永遠の命になる、それが「いいのダ〜」なんてアホみたいなことを言っている人達も一部にいますが、少なくとも今は、身体と認知を離すことなんて土台無理。いくら身体性を否定しても環境の悪化があれば影響を受け、土地の風土や伝統、食生活が身体に影響を及ぼす。こうしたものが失われれば、彼らの身体にも悪影響が及ぶわけですから、実は彼らがやっていることは自傷行為に等しい。

身体性と一体となった自然を否定し、不自然な認知の世界をいくら盛り立てても、身体からは切り離しようがないわけですから、まさに自傷行為なんです。

堤　自傷行為、本当にそうですよね、その、永遠の命ですけどね。さっき私がいったアメリカのデジタル来世サービスに、一体何人登録してると思いますか？　なんと4万人以上ですよ。自分の肉体が死んだ後も、自分の記憶をダウンロードしたアバターをずっと残したいと。それ、誰のためなんだろう？　と思います。エニウェア族の行き着く先にある死生観がアバターって……。イギリス人の投資アナリストの友人は、ロマンだよなんて言うんですけど、私には何かのブラックジョークにしか思えません。

絶対に避けられない〈身体とは何か〉という問い

藤井　一方、サムウェア族たる人類の生活の中でも、農業や土木というのは最も大きな身体性を持つ活動です。自然と共に生きていく。自然に働きかけて恩恵を受ける。特に農業は口に入れるものを作る活動であり、食べることは命の根源ですから身体性を否定した時に最も大きな打撃を受けるのも、やはり農なんです。

そしてそれは、人間そのものの存在をめぐる闘争にも発展します。エニウェア族という暴走族が暴れ回り、身体性を否定して認知ばかりに偏って環境や身体を破壊し尽くしたら、人類は終焉を迎えるからです。

いくら認知が大事だと言っても、「国土は荒廃したが、日本という国があったという認識さえ残っていればいい」ということにはなりません。そうでなければ、身体性を喪失して、「強靭化」どころか「狂人化」してしまいます。デジタル化、効率化も、実体や身体性を伴っていなければ、我々は狂ってしまうんです。

堤　ええ、間違いなく。そういう意味では、先ほど話に出たメタバース空間は、ビジネス化している分、これからどんどん日常に入り込んできますから、そこでその〈身体とは何か〉という問いは、あらゆる分野で絶対に避けられなくなるでしょうね。

例えば、自分のアバターを動かすＶＲチャットは、若者を中心に大変人気が高い巨大市場になりつつありますが、デメリットとして、中毒性が高いんですね。現実は思い通りにいかないけれど、メタバースの世界なら自分好みの人格として、気の合う人だけと好きなだけ接していられるからストレスがない。視覚情報だけじゃなく自分が脳内で疑似体験するから、すぐにハマってしまうんです。

その結果、現実と仮想空間の区別がつかなくなる「ファントム・タイムライン症候群」と言う危険が指摘されています。テクノロジー至上主義の人たちからは、〈楽しければいいじゃないか、進化を止めるのか〉と反論の声もありますが、問題はハッキングされたり情報漏洩したりと言う企業主体につきもののリスクの他に、仮想空間の方が楽しくて、やっぱり本来の身体性が不要になってくることですね。

五感を使った体験は自分のものですから、身体性は失われません。

大いなる循環の中で人類が種として生き残るために

藤井　海外に行ったら急に「欧米か!?」とツッコミをひたすら入れ続けないといけなくなるような価値観に染まるやつらがいるじゃないですか。あるいは海外に行ったことも、暮らしたこともないのに「日本は欧米とは違ってこういうところがダメなんだ」という人も少なくない。

しかし僕も堤さんも、若い頃に海外で見聞きしたことが、かえって自分の過剰なエニウエア族化を防いだ部分があるのではないかと思うんです。

海外に行っても、知的エリートと言われる人たちでも、本音ではみんな「地元がいい」「やっぱり食事は母国が一番だ」と誰しも思っている。「身体性なんて古い」とか「世界中、どこに行っても同じだ」というそぶりを見せていても、ほとんどの人は自分達のローカルなつながりが大事だし、自分の地元が大事だし、自分の国が大事なんです。あるいは教会や宗教という風土を大事にしてもいる。それは、むしろ海外生活を送っていると、日々の中で見たり感じたりできると思うんですよ。

堤　はい、私はその振り幅が大きかったですね。

母方の祖母が日系３世と再婚して、そちら側の親戚が皆アメリカ在住だったので、２歳の時から日米間を行き来して、もうアメリカ文化どっぷりというか、第二の祖国と信じこんでいました。

で、高校を卒業して当たり前のように渡米して、大好きなアメリカで世界中の友達を作って就職して永住権まで取って……という矢先に、職場の隣のビルで９１１テロですよ。

で、アメリカのもう一つの顔を見て全てが崩れた時、急にそれまでピカピカに見えたアメリカ的なもの全てが色褪せて見えてしまったんです。

テロのＰＴＳＤで自分が誰だかわからなくなってしまった時、その対極にある日本という国が持つ文化や伝統、国民性やその根底にある精神性の価値が急に見えてきたんです。その時、改めてアメリカで暮らした長い年月を振り返った時、気がつきました。本当は今でも要所要所で違和感を抱く度に、自分は繰り返し心の中で、祖国に帰っていたんだなと。弱肉強食の競争社会アメリカで、振り返ったり、立ち止まったら負けだと思いこんで、ずっと肩肘をはっていたんですね。

帰国した時に日本人の優しさや協調性、お互い様の思いやりに、とても救われました。そう言えば、晩年ずっとロスに住んでいた祖母も、「どんなに遠く離れていても、祖国はいつも自分の心の中に息づいているのよ」と、いつも言っていました。

藤井　ところが日本の田舎者ども——これは生まれがどこかということではなく、大都会の真ん中で生まれ育とうがどこで生まれようが育とうが、自分の引き継いだものをありがたいものと一切思わず、ただただ否定し、「恥ずかしいもの」と見なしつつ、自分が持っていないものに対してただひたすらに憧れを抱き、それを手に入れるためにどんな卑屈なことでもやり続けるおぞましき心根を持つもの全員を「田舎者ども」と呼んでいるわけですが、そんな田舎者どもは、欧米に憧れるけれど、彼らが本来併せ持っている土着性には何も顧慮しない。

日本のインテリにありがちですが、形だけ欧米人の真似をしたり、「これからはデジタルだよ」「農業なんて古いよ」なんて言っていれば新しい、進んでいると思い込んでいるバカが多すぎる。ホントに恥ずかしい田舎者根性丸出しの輩達です。まるで暴走族に憧れる中坊みたいなものです。

堤 私はなぜ日本の自民党が、田中角栄総理の頃にはちゃんと守っていた地方の農業者と中小企業というサムウェア族を、あるところから全然守らなくなったのだろう？ とずっと考えていたのですが、今の話との絡みで言うと、大きな理由の一つは、二世議員の問題が大きいと思いますね。

彼らは選挙区が地方でも、東京の大学に行くか東京で生まれ育つからです。

選挙区が広島の岸田総理も、フタを開けてみれば東京育ちのエリート、エニウェア族でしょう。だから地元に対する感性が鈍くて、さっき出てきた「デジタル田園都市構想」なんていうへんちくりんな言葉が飛び出す。マスコミも、反共で親米保守の方は新自由主義推進だし、過度な政府介入に戦争体験を重ねる左派もそう。維新のような都市政党は言わずもがなですし。

今、藤井先生がおっしゃった、日本の「農」が農地を奪われ、身体性から切り離されている現状と、この間国内にサムウェア族を受け止める力量を持つ政党が育たなかったことは、悪い意味でパラレルですね。

藤井 本当は自分たちだって、極めて日本的な温泉や味噌汁にホッとしているくせに、「エニウェア族になって、グローバル人材にならなければ生き残れないのダ！」みたいな強迫観念に支配されて恥ずかしいことばかりやる。で、そういうのに限って、身の程をわきまえずに六本木ヒルズだとかなんだとかに住んでセレブ面をしたがる。それが自傷行為、自殺行為であることに気づきもしないわけですから、本当におぞましく汚らわしい存在です。

堤 ビッグテックはバイオテック業界にどんどん参入していますから、そういう人たちは、「グローバル人材ナノダ！」なんて浮かれているうちに、気づいたら自分自身がウェアラブル装置で生体情報を全部Googleに解析されて、脳も身体も乗っ取られてますよ（笑）。

私は近年、『デジタル・ファシズム』（ＮＨＫ出版）という本で、デジタルテクノロジーの脅威・負の側面について取材しましたが、あらゆることが設計通りに進んでいくデジタルの領域は、「農」が持つ多様性やある種の不確実性、さらに広げると、生命体として、あるいは一つの宇宙として命を見たり地球を見たりという価値観と、根本的に対立するんです。

そういう意味で、私たち人類は、この価値観が問われる最終戦争にいるのではないでしょうか。今後、グローバリストの価値観と戦う上で、「農」の本質は、人間が人間性を失わず、大いなる循環の中で種として消滅せず生き残るために、最も重要な、最後の砦そのものだと思います。

藤井 「農」を解体されると、人類は本当に、無機質になり、絶望に至る。それは完全にキルケゴールの言う『死に至る病』そのものです。自然と共に生きていく営為を考え、実践し続けてきた「農」を軽視するのは、人間の営みそのものを軽視するのと同じこと。「農」をないがしろにするなんて、人間じゃない、といっても良い。時代劇の萬屋錦之助の『破れ傘刀舟』ではありませんが、農を蔑ろにするそんな「人間じゃない」方々に立ち向かうためには「全員、叩き斬ってやらぁ！」的な精神が必要なんだと思いますね（笑）。

人間にとって、原始からの営みである「農」を巡る戦いは、人類にとってまさに最後の闘争ですね。

堤　はい、そう思います。歴史家のユヴァル・ノア・ハラリ氏がいうように、今後ＡＩの進化によって政治からも経済からも切り離されてしまう大量の人々が、メタバースの世界に移動する世界が来るとしたら、私たちは本当に身体から切り離されてしまう。大地から切り離されては生きていけない、という言葉がありますが、データイズムとそれを支配する一握りの人間たちに、「農」という宝を絶対に奪わせてはなりません。

ハラリ氏は歴史家らしく、著書『ホモ・デウス』（河出書房新社）の最後は「問い」で終わらせた。だから私は悲観していません。

この最終闘争は通過点で、その先の未来を作るのは、私たち一人一人の、強い意志にかかっているからです。

おわりに

今、世界中で騒がれている「食と農」の危機とはなんでしょう？

国連は、地球の人口が90億人に達すること、ウクライナ紛争やパンデミックのような突発的有事がエネルギー価格を急騰させ、食料の流通を止めてしまうこと、農薬や化学肥料の原料があと30年もたないこと、気候変動や異常気象によって凶作が頻発していること、２０５０年までに、ミツバチをはじめ１００万種の生物が消滅することなどを挙げ、このままでは確実に人間は飢えて死ぬだろうと、繰り返し警鐘を鳴らしています。

毎年、世界の産官学エリートや政治家、銀行やグローバル企業群等がスイスに集合し、こうした問題について議論して提言を出す「ダボス会議」で、近年各国政府に出された解決策のキーワードは〈テクノロジー〉でした。

科学技術と遺伝子工学によって食卓に上るのは、研究室で造られる人工肉や乳製品に、過食症のように３倍速で大きくなり続ける魚たち、大量生産される養殖コオロギに、ビルの中で育つ野菜。環境に悪いゲップやオナラを出す牛たちは、ガスを出さないよう遺伝子操作され優秀な種だけが残されます。

農民たちはスマホ一つあれば、作付けから集荷までロボットがやってくれるので、もはや五感を使って畑で日々の変化に注意を向けることも、息子たちに先人の知恵を伝承する必要も、ありません。

伝統的な農の営みを上書きする科学技術を囲い込むように、Ｇｏｏｇｌｅやマイクロソフト、アマゾン、アリババにテンセント、欧州からもテック企業が次々に〈農〉に参入しているのは、偶然ではないのです。

それはまるで、生物多様性と文化的多様性、私たち人間と地球の健康を破壊してきた企業主導の〈グローバリゼーション２・０〉でした。かつて、モンサント（現バイエル）を含むバイオカルテル、カーギルのような穀物商人、コカ・コーラ、ネスレ、ペプシなどが率いるファーストフード業界が、ＷＴＯ（世界貿易機構）を方向づけてきた歴史を思い出して下さい。

種子と医薬品の市場独占を許す〈貿易関連知的財産権（ＴＲＩＰＳ）協定〉が設定され、アグリビジネス大手副社長によって〈ＷＴＯ農業協定〉が作られ、ファーストフードと食品加工業界によって、〈食品安全法〉が、ローカルな食システムを解体し、企業に都合の良い〈衛生植物検疫（ＳＰＳ）協定〉として誕生したように。

　今それと同じものが、高速で進化するテクノロジーによってアップデートされて、再び私たちの食システムに手を伸ばしているのです。

　国連のアントニオ・グテーレス事務局長は言いました。

「飢餓こそが、人類が直面する深刻な危機だ」

　でも、本当にそうでしょうか？

　アメリカからの絶え間ない圧力にさらされて、農業保護策を年々縮小し、添加物や遺伝子組み換え食品等の規制緩和を急速に進めてきたここ日本では、農業人口の7割が65歳以上で後継者なし。漁業従事者は過去数十年で6割いなくなってしまいました。今やパンデミックやウクライナ有事による農業資材の高騰と円安のダブルパンチで、生産者は悲鳴をあげ続けています。頼みの綱の農業基本法が見直されたと思ったら、中身はまたもや経産省仕込みの「輸入頼み・アメリカ依存」です。

　こんな時、「日本は世界でも真っ先に飢えて死ぬ」などと国内外から飢餓の恐怖を煽られても、簡単に鵜呑みにしてはいけません。

「大丈夫です、我が社の便利なアプリで無人のデジタル農業を」とばかりに参入してくるビッグテックや、「バイオ技術で作るコオロギやフードテックで温暖化防止と食料供給が解決!」と売り込んでくるグローバル食メジャーの餌食になれば、我が国が向かう先は、今まで以上のディストピアになってしまうからです。

本書をお読みになった読者の多くは、すでにわかりやすい恐怖の裏にある別のもの、「食と農」を通して人類が直面する〈本当の危機〉について、気がつきはじめているでしょう。

便利さとスピードは人を消極的にします。手間がかかるプロセスが持つ価値は少しずつ忘れられ、目的地があるだけで、そこへ辿り着く旅は省略され、人生の豊かさは失われてしまう。そのことを誰よりも知っていたのは、この国で農を営む人々でした。

お金に換算されるものだけが「生産物」とみなされる経産省由来の定義によって隅に追いやられていたものの、生物多様性の宝庫である田畑に日々触れながら、全てのものにいのちが宿り、人間と自然の関係を愛でる眼差しが、日本の「農」の根底には、ずっとあったのです。

近代化の中で忘れられた「農」の本質について、藤井聡氏と、京都のご自宅で美味しいお酒を飲みながら、さらに雑誌やテレビの対談を通して、何度も語り合いました。食料安全保障や、日米関係、経産省の暴挙に農水省の忖度など、政治・経済の話から始まった話題は、食文化に歴史に伝統へと拡がり、共同体を形成してきた日本人の民族性、比較優位論の欠陥に、世代を超えた国家観、テクノロジーの進化がもたらす死生観と文明論に至るまで、いつの間にか私たちを、広く、深く、豊かに拡がるもう一つの世界に連れていってくれたのです。

物理的だけでなく、文化的にも、精神的にも、私たちを作っている「食」と、それを自然から頂戴する「農」という営み。食べたものが私たちの身体を作るだけでなく、知らぬ間に価値観を方向づけ、やがて文化を形成するという、普遍的な法則。

この対談を通して私は、人間にとって「食と農」というものが、すべての世界とつながる入り口であることに、改めて気づかされたのでした。

このタイミングでこの本を世に出すと決めて下さったビジネス社の中澤直樹氏と関係者の皆さまに、この場を借りて感謝の意を捧げます。今や絶滅危惧種ですらある、数値にならないものの価値を大切にし、祖国と次世代の子供たちのために守ろうと尽力すべく、利他の種を蒔き続ける藤井聡先生からは、多くを学ばせていただきました。こんな風に、愛を持って本気で怒れる大人の存在は、デジタルによって心と身体が切り離される時代に生きる子供たちにとって、大きな希望の一つでしょう。

画一化と優生思想ですべてを最適化し、多様性が失われた単一市場での利益を狙うグローバルビジネス。その非人間的価値観に対抗する術はただ一つ、私たちがより人間的になることだからです。

それは本書の中に繰り返し出てくるように、すべての日本人の遺伝子の中に、消えることなく息づいています。

自然を決して人間の下に置かず、八百万の神やお天道様といった大いなる存在に畏怖の念を感じ、赤とんぼの舞う景観を愛でながら、旬の恵みを慎ましく頂戴して暮らしてきた国。日本人のその感性は、ビッグテックやグローバルカルテルにとって、理屈では太刀打ちできない脅威に他なりません。

「いただきます」とそっと手を合わせる度に、太古の昔から巡り続ける、大きないのちの輪の中に、私たちはいつでも戻れるのですから。

瑞穂の国で恵みを頂戴する、すべての仲間たちへ、愛をこめて。

2024年5月

堤　未果

本書は『東京ホンマもん教室』（毎月第２・第４土曜日10時～ＴＯＫＹＯ ＭＸにて放送）、隔月刊誌『表現者クライテリオン』の協力を得て、編集したものです。

[著者プロフィール]

藤井 聡（ふじい・さとし）

京都大学大学院工学科教授。『表現者クライテリオン』編集長。1968年奈良県生まれ。京都大学工学部卒、同大学大学院修了後、同大学助教授、イエテボリ大学心理学科研究員、東京工業大学教授を経て、2009年より現職。2018年よりカールスタッド大学客員教授。2012年～2018年まで安倍内閣内閣官房参与。主な著書に『神なき時代の日本蘇生プラン』『「豊かな日本」は、こう作れ！』『インフレ時代の「積極」財政論』（共著・ビジネス社）、『社会的ジレンマの処方箋』（ナカニシヤ出版）、『「西部邁」を語る』（共著・論創社）など。

堤 未果（つつみ・みか）

国際ジャーナリスト。ニューヨーク州立大学国際関係論学科卒、ニューヨーク市立大学大学院国際関係論学科修士号取得。国連、米国野村證券などを経て現職。政治、経済、医療、教育、農政、食、エネルギーなど、徹底した現場取材と公文書分析に基づく幅広い調査報道を続けている。『ルポ　貧困大国アメリカ』（岩波新書）で日本エッセイスト・クラブ賞、新書大賞受賞。『報道が教えてくれないアメリカ弱者革命』（新潮文庫）で黒田清・日本ジャーナリスト会議新人賞受賞。『デジタル・ファシズム』（NHK出版新書）、『日本が売られる』『堤未果のショック・ドクトリン』（以上、幻冬舎新書）、『ルポ　食が壊れる』（文春新書）、『国民の違和感は９割正しい』（PHP新書）など著書多数。WEB番組「月刊アンダーワールド」キャスター。

編集協力：梶原麻衣子

ヤバい“食” 潰される“農”

2024年７月１日　　第１刷発行
2024年８月１日　　第２刷発行

著　者　藤井　聡　堤　未果

発行者　唐津　隆

発行所　株式会社ビジネス社
〒162-0805　東京都新宿区矢来町114番地
神楽坂高橋ビル５階
電話 03(5227)1602　FAX 03(5227)1603
https://www.business-sha.co.jp

カバー印刷・本文印刷・製本/半七写真印刷工業株式会社
〈装幀〉大谷昌稔
〈本文デザイン・DTP〉有限会社メディアネット
〈営業担当〉山口健志　〈編集担当〉中澤直樹

ISBN978-4-8284-2635-8